여행길에서 인생을 배우는 한 시니어의 신 왕오천축국전

인도·네팔 순례여행

여행길에서 인생을 배우는 한 시니어의 신 왕오천축국전

인도·네팔 순례여행

발행일	2018년 6월 29일			
지은이	김건정			
펴낸이	손형국			
펴낸곳	(주)북랩			
편집인	선일영	편집	오경진, 권혁신, 최예은, 최승헌, 김경무
디자인	이현수, 김민하, 한수희, 김윤주, 허지혜	제작	박기성, 황동현, 구성우, 정성배
마케팅	김회란, 박진관, 조하라			
출판등록	2004. 12. 1(제2012-000051호)			
주소	서울시 금천구 가산디지털 1로 168, 우림라이온스밸리 B동 B113, 114호			
홈페이지	www.book.co.kr			
전화번호	(02)2026-5777	팩스	(02)2026-5747

ISBN   979-11-6299-202-9 03980 (종이책)   979-11-6299-203-6 05980 (전자책)

이 도서의 국립중앙도서관 출판예정도서목록(CIP)은 서지정보유통지원시스템 홈페이지(http://seoji.nl.go.kr)와
국가자료공동목록시스템(http://www.nl.go.kr/kolisnet)에서 이용하실 수 있습니다.
(CIP제어번호 : CIP2018019549)

(주)북랩 성공출판의 파트너

북랩 홈페이지와 패밀리 사이트에서 다양한 출판 솔루션을 만나 보세요!

홈페이지 book.co.kr • **블로그** blog.naver.com/essaybook • **원고모집** book@book.co.kr

여행길에서 인생을 배우는 한 시니어의 신 왕오천축국전

인도·네팔 순례여행

김건정 지음

북랩 book Lab

여행길에서 인생을 배우는 한 시니어의 신 왕오천축국전

인도·네팔 순례여행

프롤로그

성지순례와
신 왕오천축국전 新 往五天竺國傳

지금으로부터 1,295년 전. 혜초(慧超, 신라 704~787년) 스님은 16세 때 당나라 광주에 유학을 가서 인도 출신의 밀교(비밀 불교) 승려인 '금강지'를 만나 사사한다. 그리고 723년, 혜초는 스승의 권유로 부처의 나라를 향해 약 4년간 목숨을 건 순례를 시작한다.

뱃길로 남지나해를 돌아 인도(콜카타 지역)에 상륙하여 육로로 오늘날 힌두교와 불교 성지 바라나시(및 사르나트)와 출생지 룸비니(오늘날 네팔국)를 순례하고 역사적인 기행문을 남겼다. 바로 '왕오천축국전'이다.

2012년 3월 스페인 산티아고 도보 순례를 시작으로 매년 가톨릭교회 국가와 그리스 정교회, 러시아 정교회, 아프리카 곱트 정교회, 발트3국 정교회, 코카사스 3국 정교회 등을 순례하고 중남미와 북미주를 여행하며 교회 건축, 전례, 음악 등을 관찰했다.

2018년 3월에는 서양(그리스도교)과 중동(이슬람)의 종교가 아니라 동양 종교인 불교와 힌두교를 알고 싶은 마음에 네팔과 인도로 여행을 하게 되었다. 인도 동남부 첸나이에 예수님의 12사도 중 하나인 '성 토마스'의 순교지가 있다는 것을 알게 된 것도 이유 중 하나였다. 예수님 제자 중 무덤이 확인 된 곳은 로마(성 베드로), 산티아고(성 야고보) 그리고 첸나이(성 토마스)이렇게 3곳뿐이다.

필자가 첸나이에 있는 '성 토마스 대성당'을 방문한 날이 마침 4월 8일 (부활 제2주일)이었는데 이날 복음이 참으로 절묘하고 감동적이었다. 나약한 토마스의 신앙에 예수님이 쐐기처럼 믿음을 주신 대목이 나온다.

"토마스야, 너는 나를 보고서야 믿느냐? 보지 않고도 믿는 사람은 행복하다.〈요한 20:29〉"

바로 이날 성 토마스의 성지(무덤 위에 세워진 대성전-Basilica) 미사에 참례한 것은 우연이 아닌 은총이라 느꼈다. 이번 순례 여행 중 가장 큰 수확이다. 또한 고아(빠나지)의 봉 예수스 대성당에서 '성 프란치스코 하비에르' 묘지를 참배한 것도 소득이다. 인도에 성지순례 간다고 하면 보통 불교를 연상하지만 가톨릭교회의 큰 성지도 있다는 것을 널리 알리고 싶다.

「여행길에서 인생을 배우는 한 시니어의 "신 왕오천축국전"」이라는 부제로 나의 순례 여정을 소개함을 보람차게 생각한다.

인도는 'Incredible India(믿을 수 없는, 놀라운 인도)'라고 불릴 정도로 여행하기 어려운 나라로 정평이 나 있다. 종교, 문화, 생활관습, 교통문제 등과 함께 무더위와 숙식 문제, 생활환경의 열악함으로 결코 쉽지 않은 땅이다. 여행자들은 '인도야 말로 여행의 끝판 왕' 칭호를 줄만하다고 입을 모은다. 젊은이들도 힘들다는데 한국 할배 혼자 배낭 앞뒤로 진 채 그 폭염 속에 두 번 넘어지고, 설사도 했지만, 식중독에 안 걸리고, 풍토병에도 안 걸리고 다녀온 것만으로도 기적에 가깝다. 가히 종군기자 같은 마음가짐으로 취재하듯 했다.

아무쪼록 이 작은 포토 에세이를 보고 젊은이는 물론 실버 세대들도 인도·네팔에 대한 이해를 높이고 순례의 꿈을 가꾸어 나가는데 도움이 된다면 더 바랄 것 없겠다.

2018. 6. 5.

김건정

일러두기

네팔과 인도: 두 나라는 특별한 우호관계에 있다. 종교와 언어(힌디) 및 문화 전통이 비슷하고 1950년 '상호우호조약' 이후 양 국민은 무비자로 왕래하며 자국민과 동등한 자유를 누린다. 네팔 경제는 사실상 인도에 많이 의존하고 있다. 산악국이라 관광 이외의 이렇다 할 산업이 없기 때문이다. 심지어 네팔에는 아직 철도와 지하철이 없다.

환율: 네팔과 인도 두 나라는 화폐 단위가 '루피'인데 구별하기 위해 '인디언 루피 INR(Rs)'와 '네팔 루피(NRs)'로 표기한다. 인도에서 화폐 표기는 '₹'를 사용한다.

환율은 유동적이기 때문에 미화 $100을 기준으로 삼는 것이 편리하다. 2018년 6월 1일 현재 매매기준 미화에 대한 인디언 루피는 $100 : 6,900Rs이다. 실제 인도 공항에서는 5,600Rs 정도 적용하므로 시중 환전상이나 은행이 낫다.

네팔 루피와 인도 루피 간 환율은 1 : 1.6으로 인도 화폐 가치가 높다. 따라서 $100 : 11,000NRs 정도의 환율이라 보면 된다. 특이한 것은 인도 루피는 네팔에서도 통용되지만 네팔 루피는 인도에서 통용되지 않는다는 점이다. 돈을 지불할 때 한화와 비교하게 되는데 네팔 루피는 대략 1

루피에 10원, 인도 루피는 1루피에 16원 정도 된다.

네팔에서는 한국 화폐(KW)도 환전이 된다. 카트만두 국제공항에서는 도착비자 비용을 미국 달러뿐 아니라 한화까지 받는다. 네팔에서 한화 1만 원이면 네팔화 1,000NRs 정도로 환전이 된다. 만약 장기 여행자라면 신용카드로 ATM을 이용하는 것이 좋다. ATM은 각 도시에 충분히 많다. 통상 1만~2만 루피를 인출하면 약간의 수수료가 붙는다.

간단한 여행 힌디(네팔, 인도)어 몇 마디
  ○ 안녕하세요: 나마스 떼~(일반적인 인사말 : Hi, Hello)
  ○ 안녕하십니까: 나마스 까르~(어른이나 공무원에게 쓰는 존댓말)
  ○ 감사합니다: 단야받(Danyawad)
  ○ 저리 가(싫어): 짤로(걸인이나 호객꾼 물리칠 때)
  ○ 물: 빠니(미네랄이나 정제된 음용수)
  ○ 인도 홍차: 짜이(간혹 짜~ 라고도 함)
  ○ 인도 주스: 라씨(요거트 과일 쥬스, ※배앓이 조심)
  ○ 오토릭샤(왈라): 3바퀴 오토바이 택시(운전사)
  ○ 과일은 저울로 달아 팔며 kg의 발음은 '케이 지'이다.
  ○ 기타-네팔인(네팔리): 인도인(인디언)

언어 표기: 국어 표기법을 따르고 특수한 경우 현지음을 적었다. 인도는 영어가 공용어이므로 대도시에는 영어 간판, 안내문이 많다. 때문에 고유 명사는 한글과 영어를 병기했다.

책명과 목차: 책명은 '인도, 네팔 순례여행(부제: 여행길에서 인생을 배우는 한 시니어의 "신 왕오천축국전")'인데 목차는 제1부 네팔이 먼저 나온다. 순례 여행 순서에 따른 것이다.

차례

제4부 인도 네팔 순례 여행 에세이

제1부

신 왕오천축국전
新 往五天竺國傳

아쇼카 왕 석주, 룸비니

혜초(신라 704~787년)스님은 16세 때 당나라 광주에 유학을 가서 인도인 밀교(비밀 불교) 승려 '금강지'를 만나 사사한다. 그리고 723년, 혜초는 스승의 권유로 부처의 나라를 향해 약 4년간 목숨을 건 순례를 시작한다. 이 때 당국으로부터 출국 허가를 받지 못해 밀항했다고 전해진다.

그렇게 중국 동해의 작은 항구를 떠나서 남지나해를 돌아 인도 동해안(콜카타)지역에 상륙하여 오늘날 힌두교와 불교의 성지 바라나시(및 사르나트)와 출생지 룸비니(오늘날 네팔국)를 순례하고 역사적인 기행문 《왕오천축국전》을 남겼다.

귀로는 더 위험하고 고달픈 서역을 통했는데, 오늘날의 파키스탄, 아프가니스탄 지역을 시작으로 페르시아를 거쳐 히말라야 산맥을 넘어 살아 돌아온다. 출국할 때는 밀항했지만 올 때는 소문이 퍼져서 대대적인 환영을 받았다. 사실 당대에 혜초 이외에도 '천축국'에 간 신라 스님들이 몇 명 더 있었지만 성과(저작물)를 가지고 살아온 이는 드물다. 정말 대단한 정신력과 체력을 지닌 구도승이다.

혜초의 저작인 《왕오천축국전》을 풀이하면 "인도 5개국(당시 동서남북 4개국과 중앙)을 다녀온 이야기" 정도로 보면 되는데 사실상 세계 최초의 순례기이다. '세계 4대 명 여행기'라고도 하는데 베네치아 상인인 '마르코 폴로'(1254~1324, 이태리인)의 《동방견문록》, '오도릭 신부'(1286~1331, 이태리 프란치스코 수도회)의 《동방유람기》, 이슬람 순례자 '이븐 바투타'(1304~1368)의 《이븐 바투타 여행기》 등에 비해 시기적으로나 내용 면에서 월등하다. 8세기와 13세기는 교통, 숙박 등 여행 환경이 판이했기 때문이다.

이 책의 원본 일부를 1908년 프랑스 고고학자 펠리오(Pellio)가 중국 둔황(서역 천불동) 석굴에서 발견하여 헐값에 사들여 프랑스로 가져갔고, 1915년 일본의 학자 '다카쿠 준지로'가 이 책의 저자가 신라의 '혜초'라는 사실을 규명했다. 그리고 1943년 '최남선'이 원문에 번역과 해제를 붙임으로써 국내외에 널리 알려지게 되었다.*

현재 프랑스가 보유중인 이 원본은 2011년 서울 국립박물관에 잠시 전시된 적이 있다.

현재 중·장년 세대는 역사 시간에 '왕오천축국전'을 배우긴 했지만, 그 책이 신라시대 혜초라는 스님이 지은 아주 오래된 책이라는 정도로만 알고 있었다. 그 책을 저술한 배경이 무엇이며 얼마나 어려운 여정이었고 학술적 가치가 어떤지는 알지 못했다. 무엇보다도 책 제목이 뜻하는 바를 몰랐다. 순 한문으로 된 제목이다 보니 시험공부 차원에서 '왕오천축국전 = 혜초'만 외웠다.

이제 1,300년 전 혜초가 쪽배를 탄 채 건너가 나귀를 타고 걸었던 그 길을 비행기에 탑승하고 버스에 타 편히 순례하니 황송하기도 하고 기쁘

---

* 한국민족문화 대백과 일부 인용

다. 책명을《일흔 한 살, 인도 네팔 42일간의 배낭여행기》로 썼다가 너무 길다고 하여《인도, 네팔 순례여행》으로 줄였다. 〈여행길에서 인생을 배우는 한 시니어의 "신 왕오천축국전"〉은 부제로~

신 왕오천축국전 여정도(한국→네팔→인도→한국)

'카트만두', '포카라', '룸비니'는 네팔이고 4번 '소나울리'부터 인도이다. **2** 혜초의 《왕오천축국전》을 생각하며 순례자의 마음으로 먼 길~

제2부

네팔
NEPAL

힌두 신상, 카트만두

'인도여행을 그리며'

NAVER 카페에 올린 글 ❶

2018. 3. 20.

나마스 떼~ 오래 준비하고 '인도여행을 그리며' 카페와 책 '프렌즈 인도 네팔'을 통해 열공한 후, 드디어 오늘 인천공항을 출발합니다. 네팔 카트만두에 도착하여 포카라, 룸비니를 거쳐 3월 29일(목) 소나울리를 통해 바라나시에 도착할 예정입니다. 아마 이날이 가장 힘든 날이 될 듯 합니다. 룸비니(대성각사)-소나울리 국경-고락푸르-바라나시… 새벽부터 종일 험한 버스 이동이라서요.

저도 여러분들처럼 멋진 소식 전하고 싶습니다.

3월 20일 13:30시 인천 공항 출발. 약 8시간 만에 네팔 카트만두 트리부반 국제공항에 도착했다. 서울시간은 밤 9시 30분인데 3시간 15분의 시차가 있어서 여긴 초저녁(6시 15분)이다. '히말라야' 산맥에서 정기를 한껏 들이마시고 순례를 시작하고 싶어서 네팔에 먼저 왔는데 나를 반긴 건 지독한 먼지와 매연이다. 공항은 말이 국제공항이지 한국 작은 지방의 공항 같았다. 그나마 최근 확충한 것이 그 정도라고 한다.

입국 수속을 해보니 많이 자동화했는지 ATM 같은 자동입국신청 기계가 설치되어 있어서 아주 편리해졌다. 네팔은 사전에 비자를 신청할 필요가 없는 '도착 비자(Arrival Visa)' 제도를 시행하고 있어 한국 여권 소지자는 그냥 가면 된다. 미화 $25(15일 이내 관광객 기준) 또는 한화 3만 원을 내고 자동입국신청 기계에서 사진을 찍은 뒤 신청서를 출력하여 출입국 관리에게 제출하면 입국 도장을 찍어준다(전에는 사진 2매를 제출했다).

공항 밖으로 나오니 매연이 심해서 눈이 따갑다. 다행히 호텔 측에 미리 메일을 보내 셔틀 차를 보내달라고 해서 현지인이 내 이름표를 들고 기다린다. 현지 택시 비용보다 비싸지만 미니버스에 나 혼자여서 편한 면이 있다. 미화 $10이다.

차를 타고 약 30분. 혼탁한 공기를 마시며 가다보니 생활상이 눈에 들어온다. 참 가난한 삶이다. 1960년대 초에 한국여행을 온 서양 사람들이 똑같이 느꼈을 것이란 생각을 했다.

하루 1만 2천 원짜리 저가 호텔에 투숙했다. 당장 네팔 돈이 필요하여 호텔에서 미화 $20을 환전했다. 1불당 100 네팔 루피를 내 준다. 번화가인 타멜 거리에 나가보니 호텔에서 환전하는 것과 적용 환율이 거의 같다.

타멜 거리는 혼잡한 돈데기 시장인데 최근 시 당국에서 차 없는 거리로 선포하여 덜 복잡하고 보행이 자연스러워졌다.

번화가는 거의 영세한 점포가 모인 재래식 시장규모이다. 저녁 식사용으로 맥주(네팔 산 Everest) 한 캔(130루피)과 과자를 샀다. 기내식이 든든하여 견딜 만 했다. 밤길 치안상태도 좋게 느꼈다.

이곳 날씨는 늦봄 날씨이다. 열흘 후 인도 순례를 앞두고 있는데 걱정이다. 인도는 3월 하순~6월 말이 여름이기 때문이다. 한국 같은 여름이 아니라 40도 정도의 기온이 지속되어 열사병에 노출되고 걷기에도 지친다. 7월~9월은 또 우기라서 비가 많이 오기 때문에 여행 적기는 11월~2월 인데 나는 한여름에 순례하게 생겼다.

1, 2 해외 비행기 탑승은 늘 설렌다.
3 마중 나온 네팔 포터(내가 만난 첫 네팔리)

Tribuban 국제공항 환영

제2일
더르바르DURBAR 광장, 파탄PATAN 광장, 가톨릭교회

'더르바르'는 서울 광화문 광장처럼 카트만두의 중심부라고 할 수 있는 광장인데 '힌두교 사원 단지'이다. '더르바르'라는 말은 '왕궁'이란 뜻이다. 여기서 왕의 즉위식이나 큰 행사를 힌두교 예식으로 거행한다.

입장료 1천 루피(약 1만 원, 네팔, 인도인은 무료)를 내고 들어가 보니 2015년 4월에 있었던 지진으로 인한 피해가 극심하다. 폭삭 무너진 건물도 있고 지지대로 받치고 있는 건물도 있다. 목재와 석회로 만들어서 취약한데 중국과 일본이 자금을 지원하여 복구 중이다.

대한민국도 적십자사에서 돈을 좀 보내고 가톨릭교회(카리타스회)에서도 보냈지만 이런 유네스코문화 유적 복구 사업에도 참여했으면 하는 아쉬움이 있다. 힌두교 신앙은 자칫 '우상숭배와 미신'으로 평가절하될 우려가 있지만 그들의 신앙은 존중해야 한다고 느꼈다.

네팔에서 시내버스는 외국인이 못 탄다. 못 타게 해서가 아니라 옛날 합승택시에 사람을 마치 화물 싣듯이 꽉꽉 채워 태우기 때문에 못 견딘다. 손님이 꽉 차야 출발한다. 에어컨은 100% 없다. 선진국에서 온 관광객이니 돈을 쓸 때는 써야 한다고 느끼고 택시를 불러 가격을 흥정한 후 파탄 광장(역시 힌두교 사원 단지)과 조금 떨어진 교회(네팔 천주교회 카트만두 대목구 대성당)을 찾아갔다. 택시 운전사도 지리를 몰라 내가 일러준 구글 맵 약도와 현지인에게 물어물어 찾아갔다.

네팔 천주교회는 예수회에서 설립했는데 아직 선교의 자유는 없다. 1533년 포르투갈 예수회 사제들이 선교한 후 약 140년(1810~1951) 동안 철수했다가 2007년에 헌법 개정으로 타 종교를 허용하되 선교하지 않는 조건으로 다시 복귀했다. 엄한 힌두교와 불교 국가라서 그리스도교로 개종을 못하게 해 놨다. 그래도 전국적으로 본당 3개소와 공소 등, 그리스도교 신자는 약 1만 명 정도로 추산되고 있다.

'더르바르' 북쪽 코너에는 '쿠마리(Kumari Bahal) 사원'이 있다. 네팔 왕국의 살아있는 소녀 여신이다. 왕도 쿠마리 앞에서 머리를 조아린다. 희한한 것은 힌두교의 여신(女神)인데 반드시 부계는 불교 가문이고 모계는 힌두교 가문이며 금 세공업자의 딸 중에서 나오게 되어있다. 조선시대에 왕비를 간택하듯 동정 소녀를 심사하여 여신으로 등극하게 한다. 사원에 거주하며 그녀의 가족이 돌보지만 일반인은 년 중 몇 번 밖에 볼 수 없다. 소녀가 성장하여 초경을 치르면 신성함을 잃었다고 하여 내치고 후임 새 여신을 선발한다.

지금은 가정교사로부터 교육을 받지만 예전에는 교육도 못 받게 하고 친구도 없으며 훗날 결혼해도 불행해진 여자가 많아서 비인간적인 제도 같다. 하루 종일 부처처럼 앉아 경배하러 오는 신자들에게 복을 내려주는 것이 그녀의 일과이다. 참 애잔하다.

매연이 심해서 종일 마스크를 써야했다.

1 네팔 여신 쿠마리사원 **2, 3** 더르바르 광장 힌두 사원 풍경 **4** 현지인에게 인기 있는 신상 **5** 복구중인 건물 **6** 카트만두 가톨릭성당 **7** 쿠마리 사원 내당 **8** 성모 동산 **9** 파탄 사원 단지 석가모니 상

제3일
네팔 불교 총본산과
힌두교 총본산 단지 순례

　'보다나트(Boudanath)' 절은 네팔 불교의 총 본산이다. 서울 조계사 같은 위상이다. 티벳트 라마교 분위기가 나며 성지로 여긴다. 불탑에 큰 눈이 그려져 있다. 세상을 잘 보게….

　'스와얌부나트(Swayambhunath)'는 원숭이 사원(몽키 템플)이라고도 하며 산 위에 있어서 오르내리기 쉽지 않다. 기원 전 3세기에 처음 지었다니 놀랍다. '스와얌부나트' 불교 사원은 카트만두 수호신 사원이다.

보다나트 불교 사원

1 불탑 중앙에 세상을 보는 눈이 있다.

25

스와얌부나트 불교 사원

2, 3, 4 불교성지 순례자. 1,300년 전 혜초 스님을 생각하며….

힌두교 파슈파티나트 사원단지(PASHPATINATH COMPLEX)

파슈파티나트 사원단지는 네팔 힌두교의 총 본산이다. 인도 갠지스 강의 지류인 바그마티 강(개천)이 흐르고 있는데, 인도 바라나시와 같은 성스러운 강으로 취급받고 있고 화장터가 여러 곳 있다. 가끔 테러가 일어나서인지 경비원들이 소총으로 무장하고 이교도들의 출입을 금지하고 있다. 강 주위에 점쟁이들이 많이 포진하고 있고 힌두교 신자들은 성지 순례하듯 많이 온다. 공동 화장터는 가난한 사람용이고 부자는 별도 독립화장장을 쓴다.

'나라얀 왕궁박물관'은 스마트폰은 물론이고 과자나 생수도 반입을 금

5		
6	7	8
9	10	11
12		

5 나라얀 박물관(PALACE MUSEUM, 구 왕궁) **6** 힌두사원 전경 **7, 8** 힌두여인들 **9** 힌두교식 화장터(화장 중) – 파슈파트나트, 카트만두 **10** 부자용 화장터 **11** 야생 원숭이가 많다 **12** 현대차 택시에 '부처는 네팔 출신이다.'

지하며 별로 볼 것도 없다. 입장료도 500Nr….

2001년 왕자의 부모형제 등 사살 사건 현장(총탄 자국 보존) 등이 역사에 관심 있는 사람에겐 그나마 위안거리다.

이렇게 사흘간 네팔의 수도 카트만두에 있는 대표적인 힌두교, 불교, 가톨릭교회를 모두 순례(답사)하고 서쪽으로 약 150km 떨어진 제2도시 포카라로 이동하게 되었다.

포카라는 '안나푸르나(Annapuruna)' 산을 트래킹 하는 사람들의 아지트 도시 역할을 한다. 페와 호숫가에서 조용한 휴가를 즐기는 사람도 많다.

문제는 110달러를 내고 비행기로 40분 만에 갈 것이냐, 버스비 6달러를 내고 8시간을 걸려 갈 것이냐 정도.

카트만두에서 특급(익스프레스, 700루피) 버스에 탔지만 무려 8시간 반이나 걸렸다. 말이 특급이지 완행인데다 도로 사정이 열악하고, 에어컨은 가동하지 않은 채 창문을 열고 다니니 온갖 흙먼지를 들이마셔야 한다.

포카라에 도착하여 예약해둔 한인 민박 '놀이터'를 찾아갔다. 한식당을 겸해서 편리하고 숙박비(독실)도 하루에 미화 10달러로 저렴하다. 터미널에서 멀지 않아 쉽게 찾아가 여장을 풀고 유명한 페와 호숫가로 갔다. 사실상 관광지이고 번화가이다. 호수에 비친 안나푸르나 산의 경치가 한 폭의 그림이다.

호수에 작은 섬이 있고 그 섬에 유명한 사원이 있다고 하여 100루피를 내고 보트를 타고 들어갔다. 불공을 드리는 사람들이 많은데 이 사당은 멧돼지(Varahi) 신을 모신 절로 아기를 낳기 원하는 여인들이 많이 온다고 하니 씁쓸했다.

1	
2	3
4	

1 페와 호수의 작은 섬에 있는 바라히 신(멧돼지) 모신 절

2, 3 호수 LAKE SIDE 차 없는 거리 선포식 행사

4 페와 호수에 비친 안나푸르나

제5일
오스트랄리안 캠프AUSTRALIAN CAMP
1박 트래킹

포카라는 '안나푸르나' 산 트래킹의 출발 도시이다. 보통 네팔인 가이드와 세르파(포터)를 써야 하고 7일~14일 내외로 여러 봉을 걷는데, 소정 입산료를 지불하고 허가증(Permit)을 받아야 한다. 평균 4천 미터 봉 걷는다.

그러나 일정 관계상 또는 체력 등을 고려하여 안나푸르나 정상까지는 안가고 트래킹 분위기만 즐기려는 단기 여행자도 많다. 그 방안이 바로 '오스트랄리안 캠프 등반'이다. 허가증이나 가이드도 필요없다.

이 캠프는 1962년 오스트랄리아 등반대가 제1캠프를 설치하여 고유 명사가 되었는데, 넓은 평지와 숙소가 많아 인기이다. 흔히 많이 가는 페디(Phedi)를 경유하는 담푸스(Dampus, 고도 1,650m) 마을 루트보다 높은 2,020m이고 택시로 칸데(Kande)까지 가면 '오스트랄리안 캠프' 근처까지 바로 올라갈 수 있다. 가파르긴 하지만 약 1시간 반 정도면 도착할 수 있다.

숙소가 여럿인데 이 숙소가 꽤 저렴한(일박 700루피) 편이다. 다만 식사는 별도이다. 때문에 자취는 어려운 편이다.

일출, 일몰시 사진 찍기 좋은 포스트가 있다. 한국 숙박객이 연중무휴로 많이 온다.

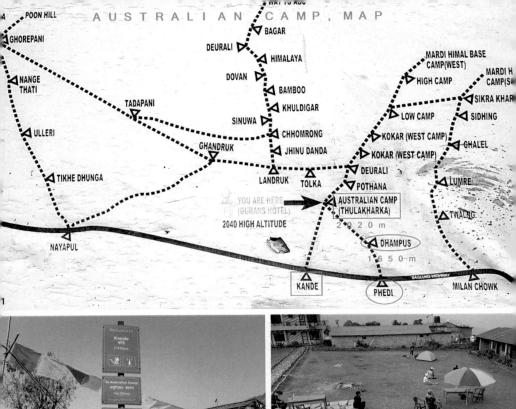

AUSTRALIAN CAMP, MAP

POON HILL
GHOREPANI
BAGAR
DEURALI
NANGE THATI
HIMALAYA
DOVAN
TADAPANI
BAMBOO
KHULDIGAR
SINUWA
ULLERI
CHHOMRONG
GHANDRUK
JHINU DANDA
TIKHE DHUNGA
LANDRUK
TOLKA
NAYAPUL

MARDI HIMAL BASE CAMP(WEST)
HIGH CAMP
MARDI H CAMP(S
SIKRA KHAR
LOW CAMP
SIDHING
KOKAR (WEST CAMP)
KOKAR (WEST CAMP)
GHAL'EL
DEURALI
POTHANA
LUMRE
YOU ARE HERE
(GURANS HOTEL)
AUSTRALIAN CAMP (THULAKHARKA)
2020 m
TWALNG
2040 HIGH ALTITUDE
DHAMPUS
1650 m
KANDE
PHEDI
BAGLUNG HIGHWAY
MILAN CHOWK

1

2

3

4

5

Baglung bus park

6

1 오캠 가는 맵 2 칸데 마을(고도 1,770m). 오캠까지 1시간 반 걸린다. 3 오스 캠프. 텐트는 방보다 요금이 좀 저렴하다 4 오스 캠프 포토 존 5 오스트랄리안 캠프(포토 존)에서 찍은 안나푸르나 산의 일출 광경. 이 정도 찍을 수 있는 날도 많지 않다. 6 바그룽 버스 파크

'오캠'에서는 저녁식사를 하고 나면 혼자서 온 사람은 할 일이 마땅치 않다. 해가 일찍 떨어지므로 사진 찍기와 산책을 즐기는 정도다.

3월에도 추워서 침낭이나 보온 옷이 필요하며, 화장실이 있지만 샤워는 안하게 된다. 시설이 열악하기 때문이다.

이른 아침이면 등산객들이 일출 사진 찍는다고 몰려 나오는데, 날씨가 맑아도 안나푸르나 봉에 구름이 끼거나 연무 때문에 사진 찍기 좋은 날은 기실 며칠 안 된다.

하산 시 여러 갈래 길이 있는데 담푸스(마을) 쪽으로 내려가는 길이 완만하다. '노우단다'로 빠지면 돌계단이 많고 이정표가 없어서 자주 물어야 하고 약 4시간 걸린다. 사랑고트까지는 의미없는 먼 아스팔트 길이므로 버스나 택시로 포카라에 돌아가야 한다.

참고로 사랑고트는 패러글라이딩 타기 좋은 곳이다.

제6일
포카라 안나 성당 방문

　네팔에서 두 번째로 큰 성당으로 주일에 약 200명 정도가 참례하며 한국인 수녀가 파견되어 있다. 바그룽 버스 파크 남쪽에 있다. 공식 이름은 '세인트 안 처치(St. Ann's Catholic Church)'이다.

1 본당　**2** 제단 옆 성모 마리아 상　**3** 사제관과 교육관

제 7 일
자전거 렌트하여 시내 구경하기

포카라에는 스쿠터와 자전거 렌트 가게가 많다. 도심이 평지라서 다니기 좋다. 나도 자전거를 하루 400루피에 렌트하여 시내에 위치한 '국제산악 박물관'과 '페와 호수', '빼딸레 창고' 등 두루두루 다녔다. 도로가 패인 곳에서 앞으로 고꾸라지는 사고도 있었다. 다행히 가벼운 타박상….

페와 호수 남쪽에는 '빼딸레 창고('Devi's Fall'이라는 애칭으로도 불린다. 'Devi'는 폭포 급류에 휩쓸려 죽은 외국 여자의 이름)'와 '굽데스와르 힌두교 동굴 사원', '국제 산악박물관'이 모여 있다. 찾기도 어렵고 모두 유료인데 볼 가치가 있을지 의문이다.

1, 2, 3 힌두 사원 굽데스 와르, 마하데브(동굴 사원과 용 5마리) **4** 페탈레 폭포 입구 **5** 국제산악박물관
6 동굴사원 입구

룸비니LUMBINI 가는 길. 고생길

포카라에서 석가모니 탄생 성지까지는 약 170㎞ 정도의 거리이다. 고급 버스와 완행 버스가 있는데 실수로 완행 버스(요금 435루피)를 타게 되었다. 이유는 역시 정보 부족이었다.

하루 전날 올드 버스 파크(Old bus park)에 가서 알아보니 Express급은 시내 거리에서 매표한다기에 찾아가니 자그마한 구멍가게 앞에 있었다. 그런데 요금이 네팔 435Rs로 이상하게 썼던 것이다.

다음 날. 07:40 출발이라서 일찍 07:10에 도착하니 큰 배낭을 지붕에 싣고 바로 출발한다. 좌석번호는 무의미. 그야 말로 시골 황토길 달리는데 흙먼지와 햇볕 때문에 아주 불편했다. 정거장마다 손님이 내리고 타고 지붕에 짐을 올리고 내리고…. 점심식사를 할 겸 휴게소에 들렀으나 먹을 맘은 없었다. 워낙 누추하여 위생이 걱정됐기 때문이다.

두 번이나 산길에서 가다가 선다. 화장실 시간이다. 남자들은 버스에서 내려 일렬횡대로 서서 일제 사격! 여자들은 다른 이의 시선은 개의치 않고 주저앉더니 치마로 덮고 일 보고 일어선다. 친 자연 화장실이다. 치마가 참 편리한 복장이라고 느꼈다. 바지를 입은 여성은 이럴 때 참 난처할 듯 하다.

룸비니에 가려면 공항이 있는 '바히라하와(Bahirahawa)'에서 내려 마을

버스로 갈아타야 한다. 참 지루하게 10시간이나 걸려서 붓다(석가모니)의 탄생지인 룸비니에 도착했다. 사실 포카라에서 룸비니까지 다니는 직행 버스가 있다. 800루피만 내면 되는데 나는 엉뚱하게 완행을 탄 것이다.

날씨는 덥고 길을 모르는 상황에서 다행히 젊은 네팔리 부부가 안내해 주어 버스에서 내리기는 했는데 성원(Sacred Garden) 구역이 넓어 어디로 가야할지 모르겠다.

오토릭샤 꾼들이 담합하여 300루피 아니면 안 간다고 한다. 결국 양심적인 택시 기사와 250루피에 협상하여 한국인 사찰인 '대성석가사'에 도착했다. 이 구역은 중국, 독일, 태국 등의 사찰이 모인 국제 사찰 구역인데 한국 사찰은 숙식을 제공하여 인기가 높다.

원래 공양(식사)과 침실이 무료 제공이고 손님이 알아서 시주(Donation) 개념이었는데 이번에 가 보니 하루 500루피(약 5천 원)을 의무적으로 시주함에 넣게 되어 있다. 비양심적인 사람들이 있었던 모양이다. 그래도 세 끼 다 주고 침실(다인실)까지 주니 싼 셈이다. 안내 받은 방은 2층 4인실이고 한국인 청년 2명이 있다.

저녁 식사를 보니 그야말로 영양가 없는 밥과 반찬이다. 그래도 종일 과자 몇 개와 물로 연명했기에 맛있게 먹었다. 설거지는 각자 한다. 화장실은 있는데 양동이로 샤워해야 하고 변기는 재래식이라 쭈그리고 앉으려니 오금이 저리다. 별 도리가 없다.

부처 탄생지 사찰과 마야 부인의 목욕 연못, 아쇼카 석주는 내일 보기로 한다.

한국 '대성석가사'는 여행자들에게 인기 있는 숙소이다

1 네팔 시외버스 **2** 진짜 구멍가게 **3** 대성석가사 첫 공양(담백한 저녁 식사) **4** 대웅전 **5** 네팔 포카라—룸비니 구간 휴게소 화장실. 웬만하면 참는다. **6** 숙소 화장실. 감사할 한국 절이다.

제9일
룸비니 LUMBINI - 붓다, 싯다르타
불교 성지순례

일찍 자고 일찍 눈을 뜬다. 아침 예불에 가 보려고 본전에 올라가니 벌써 끝났다. 시간을 잘못 본 모양이다. 아침 공양 후 슬슬 걸어 본격적으로 불교성지 순례에 나섰다.

한국 '대성석가사' 앞에 있는 중국의 절은 마치 경쟁이라도 하듯이 더 크게 지어놨고 독일, 프랑스 절도 잘 지어놨는데 수도원 개념이라 순례자에게 침식 제공을 안 한다. 이런 면에서 한국 절이 모범적이다.

붓다의 탄생지는 입장료 200루피를 내고 들어간다. 신발도 벗어야 한다. 박물관 같은 절을 둘러보고 옆에 굴뚝 같은 아쇼카 석주(石柱, Ashoka Pillar)를 보니 꼭대기에 있던 말 조각상이 없다. 벼락을 맞고 떨어졌다는데 왜 조각을 모아서 복구하지 않았는지 안타깝기만 하다.

이 석주는 원래 기원 전 249년에 '마우리아 제국 아쇼카 왕'이 불교로 개종하고 부처님의 탄생을 축하하고 기리기 위해 순례를 왔다가 세웠다고 한다. 그 후 파괴되고 잊혀졌다가 1896년 독일 고고학자에 의해 발굴되고 이 석주가 아쇼카 왕의 작품인 것이 입증되어 이 장소가 부처의 탄생지라는 걸 알려준 귀중한 석주이다("이곳은 위대하신 분이 태어난 곳이다. 이를 기념하여 세금을 탕감한다."고 적혀 있다).

그 옆에 큰 보리수가 있고 마야 부인이 해산 후 목욕했다는 연못도 있다. 이보다 더 의미 있는 불교 성지가 어떤 곳이 있겠는가?

크리스찬이 예루살렘에 성지 순례하고 '베들레헴 성탄 성지'와 '골고타 언덕 성묘 성당'에서 감격하듯이 불자들과(불자가 아니라도) 한국인에겐 의미 있는 성지임이 틀림없다. 1,295년 전 신라 혜초스님이 목숨을 걸고 순례했던 곳이기도 하다.

1. 야쇼카 석주 근접 촬영(글자가 새겨져 있다) **2.** 부다 탄생지 절과 아쇼카 석주 및 마야 부인 목욕 연못
3. 보리수 아래서 수도하는 승려들

1, 2, 3, 4 성원에 건립된 외국 절들 **5** 룸비니 박물관(한국에서 건설 지원) **6** 마야 부인 상

दुर्गा
DURGA

제3부

인도
INDIA

힌두 신상, 자이푸르

'인도여행을 그리며'

<u>NAVER</u> 카페에 올린 글 ❷

2018. 3. 29.

이틀 간, 고맙게도 한국 절 '대성석가사'에서 잘 지냈다.

숙소가 어마어마하게 커서 예약 걱정은 없다. 다만 화장실(샤워, 세탁 겸용)이 불편하고 식사가 무료급식 개념이라 좀 그렇다. 한국에서는 버스를 대절해서 온 스님들과 단체손님이 많고, 미국과 러시아 등 외국에서 온 외국인도 많다.

다른 나라 절들도 많지만 수도원(Monastery) 개념이라 공개를 안 한다. 한국 절 앞에 있는 중국 절(중화사)은 더 크게 지었다.

소나울리로 갈 일이 걱정되었다. 대중교통을 이용하자니 오토릭샤와 로컬 버스를 이용해야하는데, 이 더위에 장년이 배낭 두 개 지고 고생하는 것은 아니라고 판단하여 과감한 결단을 내렸다. 무엇보다 일찍 국경을 넘어야했다.

절 사무장(네팔인 달마)에게 부탁하니 택시를 불러준다. 05시 10분. 지프 택시인데 셰어(share)할 사람도 없고 운임이 1,500NRs라서 적정하다고 보았다.

내 결정이 옳았다. 새벽길이라 먼지도 덜 나고 50분 만에 소나울리에 도착했다. 국경을 넘는 트럭들로 혼잡하기 그지없었다. 이렇게 9박10일 동안 배앓이 같은 것 없이 무탈했다는 사실에 주님과 부처님께 감사하며 국경을 넘었다(네팔통신은 여기서 맺고 인도통신으로 이어집니다. 씩씩한 한국 장년의 배낭여행을 성원해 주세요).

제10일
소나울리SONAULI 국경을 넘어 바라나시VARANASI로

　네팔과 인도 국경은 긴장감도 없고 여느 시장처럼 북새통이다. 주로 인도에서 온 각종 건자재, 석유제품, 소비재 등을 가득 실은 대형 트럭들이 통관을 위해 수백 미터 줄지어 서 있고 사람과 소, 오토바이와 자전거가 들락거린다.

　인도와 네팔은 상호 비자 면제에 자유통행이라 옆 동네처럼 드나든다. 화폐가 다르지만 자기들끼리는 그냥 통용한다. 인도가 물자 공급을 끊으면 네팔은 생존이 어렵겠다고 느꼈다.

　외국인인 나는 우선 네팔 출입국 사무소에 들려 '출국 도장'을 찍어야 하고, 관문을 넘은 뒤에는 인도 출입국사무소에 들려 '입국 도장'을 받아야 한다. 하나라도 어긋나거나 행여 직원이 도장 하나를 실수로 안 찍으면 나중에 출국할 때 큰 문제가 된다. 불법 밀입국이 되기 때문이다. 어떤 한국인은 입증이 안 되어 마지막 수단으로 국경 관문 통과사진(인증샷)을 보여 주고 해결했다는 사례도 있다.

　네팔 이미그레이션 사무실은 사진에서 보아 온 대로 '뭐 이런 게 있나?' 할 정도였다. 직원 두 명이 헐렁한 티셔츠입고 사무를 보는데 이른 시간이라 앞엔 서너 명 정도다.

네팔 출입국사무소

인도 국경 2018

1 멀리 인도 국경이 보인다. 배낭지고 걸어가
야 한다.
2 네팔 출국 수속하고
3 인도 국경 통과한 다음
4 인도 입국 수속 받는다.
5, 6 네팔 카트만두 ↔ 인도 바라나시 국제 버
스가 생겼다. 이 국제 버스는 전날 밤 10시에
카트만두를 출발했다. 장장 18시간 운행 버스.
한국 고속버스 수준이다.

내 앞 여행자가 미국인 젊은 부부 같은데 중년 직원과 시비가 크게 벌어졌다. 상황을 보니 딱하다. 두 사람이 장기 체류인지 미화 100달러 지폐와 잔돈을 냈는데 직원이 100달러 지폐가 조금 찢어져(약 2㎝) 못 쓰므로 못 받겠다고 하자 미국인 부부가 열 받은 것이다.

"뭔 소리냐? 은행에서 바꾼 새 돈인데 당신 바꿔친 거 아니냐?"고 대들자 직원이 "그런 일 없다." 하며 더워지기 시작하니 창문 커튼을 열어 붙들어 맨다. 그러자 미국 여자가 허들 선수 같이 책상을 뛰어넘어 들어가더니 커튼을 다 풀어헤친다. 직원이 새 돈을 커튼 속에 감추고 찢어진 헌 돈으로 바가지 씌운다고 의심하여 무례한 행동을 한 것이다.

옆 직원이 참다못해 "우린 경찰권이 있는 공무원이다, 자중하라."고 경고한 뒤 그 미국부부에게 "일단 저리 비켜 있어라."라고 말하고는 뒤에 서서 관망하는 나를 불러 출국 도장을 찍어준 덕에 빨리 나왔다.

이제 네팔은 끝이다. 주머니를 털어 남은 네팔 돈으로 예쁜 네팔리 자매가 벌려놓은 좌판에서 과자 한 보따리를 샀다. 비상식량이다.

마지막으로 네팔 국경을 넘으면서 세관 검문소를 통과하게 되는데 나를 보더니 "코리언?" 한다. "예스." 하니 무사 통과! 옆을 보니 여러 명이 배낭을 풀어헤치고 검색을 받고 있다. 대한민국 국민을 우대하는 것 같아 기분이 좋다. 굿 모닝이다.

소나울리 인도 출입국 사무소도 네팔보다 나을 것 없는 모양새이다. 인도 게이트를 향해 큰 배낭을 지고, 보조가방을 앞에 메고, 한 손에 과자 봉다리 들고, 또 한 손엔 여권과 스마트폰 들고 뛰니…. 행여 우리 자녀들이 보면 슬퍼할 장면이겠다.

인도 게이트를 통과하여 즐비한 대형 트럭 사이사이를 걸으며 상점을 기웃거리니 눈치 빠른 상인들이 "이미그레이션?" 하며 더 가라는 손 신호를 준다. 잠시 걸어 나가니 역시 네팔과 호형호제할 정도의 인도 출입국 사무소가 있다. 참 몰골이 딱한 나라들이다.

내 앞 사람은 중국 가이드인지 여권을 쇼핑백 가득 담아 와서 처리 중이다. 나는 초조했다. 지금이 06:40시인데 바라나시 행 버스는 06:55시에 출발하는 것이 마지막이다. 놓치면 고락푸르로 가서 갈아타야 한다. 단체 관광객이 미워졌다.

그런데… 상황 반전!

직원이 나를 보더니 눈치가 빠르게 "혼자냐?"고 묻기에 초등학생처럼 크게 대답했다. "옙! 솔로입니다. 한국인입니다." 하고 강조하니 내 것 먼저 처리해 준다. 이 기쁨!

그렇게 입국 도장을 받고 나오니 여러 사람이 달라붙는다. 소문을 익히 아는지라 다 거절했다. 네팔 돈 남은 것 환전하라느니, 티켓 예약했느니….

그런데 착하게 보이는 남자가 길 건너 삐까삐까한 고속버스 가리키며 07시 바라나시 행이니 타라고 하며 인도 돈으로 1,100루피를 내란다. 로컬 버스가 300Rs(루피) 정도로 알았는데 거의 4배이다. 로컬 버스에 넌더리가 난 상태라 저런 신형버스는 탈 의향이 있었다. 그런데 티켓은 없다고 한다.

뭐요?(속으로 이놈이 듣던대로 소나울리 양아치구나) 하며 "나는 버스에 승차한 후 영수증 발급 단말기 있는 정식 직원에게 지불하겠다."고 하니 내 기세에 눌렸는지 그리하라 한다.

내가 속으로 "짜식들. 누굴 호갱으로 알어?" 하고 버스로 가려니 다른 친구가 아직 출발 안 하니 차 한 잔하라고 한다. 보니 노점에서 '짜이'를 팔고 있다. "햐! 이게 인도 짜이구나!" 하고 시켜 마셨다. 아침 굶은 공복이라 좋았다. 짜이 값은 10루피. 루피는 우리 카페 회원한테 12,260루피 바꿔놔서 든든했다.

버스에 가보니 한국 고속버스 수준이다. 네팔 카트만두-인도 바라나시 국제버스이다. 와~!

어젯밤 10시에 출발해 국경에서 수속할 사람은 하고 07:15시에 출발.

아까 그 남자가 버스에 승차하여 요금을 재촉한다. 나는 "영수증을 달라.", 그는 "영수증은 원래 없다."며 실랑이를 했다. 옆 자리 승객에게 "이 사람 이야기 진짜 맞아요?" 하고 물으니 끄덕인다. 내가 하도 안 속으려 따지니까 한 네팔 신사가 나직이 말했다 "저 사람 수금원이에요. 하는 말도 진짜 맞고요. 네팔리는 인도사람처럼 속이지 않아요." 하기에 1,100루피(한화 약 18,000원)를 냈다. 큰돈인데 영수증을 안 준다는 게 지금도 이해가 안 된다. 서로 짜고 가로채는 게 아닌가 한다.

암튼 나는 에어콘 빵빵한 차 안에서 편하게 여행하며 느긋이 인도 풍경을 감상했다. 주마간산(走馬看山)이란 말 그대로 창밖을 보니 네팔보다는 좀 낫다. 넓은 농경지도 있고 도로도 많이 포장되어 있다. 09시 '고락푸르(Gorakhpur)'에 도착해 승객 두 명을 내려주고 계속 남행. 이 정도면 인도 입국과 바라나시 도착은 성공이다. 안도감이 느껴졌다. 나무관세음보살!

고급버스이긴 해도 '고락푸르'를 지나니 도로 사정이 나빠져 오후 3시 30분이 되어서야 '바라나시(Varanasi)' 버스터미널에 도착했다. 소나울리에서 8시간 15분이나 걸린 것이다. 물론 중간에 네팔에서처럼 야외 화장실도 실시!

혼잡한 터미널에 내딛자 사우나에 들어간 것처럼 열기와 매연, 흙가루가 얼굴을 확 때린다. 아이구, 잘못 왔구나…. 여기서 어떻게 닷새를 보내나…? 겁이 났다.

배낭을 두 개 앞뒤로 지고 나오니 택시와 오토릭샤꾼들이 달려왔지만 바라나시 가트(Ghat)지역은 무동력 사이클 릭샤만 통행 가능하다고 해서 새까맣고 키 작은 릭샤왈라를 택했다. 요금을 물으니 200루피라 한다. 과한 요금이라 느꼈지만 뙤약볕이 뜨겁고 지친 상태라 쾌히 승낙하고 릭샤에 올랐다. 옆에 배낭을 놓고 앉아 자전거에 뒷자리에 타보니 노후된 거라 천장 텐트는 찢어져 너덜거리고 대나무 뼈대는 썩어서 잡아도 안전에 도움이 안 된다.

릭샤꾼은 체구가 작은 달리트(Dalit-불가촉천민) 같은데 무덥고 지치니 궁둥이를 안장에 대지도 못하고 거의 서서 온 체중으로 페달 밟는데 안쓰럽다. 옆을 차량, 오토바이들이 스칠 듯 지나며 빵빵 거리는데 불안하기 그지없다.

약 30분 지나 릭샤꾼이 "고돌리아"라며 통행료 20루피 내고 와서 사람, 소, 릭샤끼리 부딪힐 듯 더 간다. 이러니 차량이나 오토릭샤는 못 들어온다. 조금 가더니 더 이상 못 간다고 내리라고 한다. 골목이 내가 보아도 좁아서 못 간다. 200루피를 주니 20루피 더 달라고 한다. 들은 바대로 하층 달리트 같아 동정심도 들어서 돈을 달라는 대로 더 주었다.

고돌리아 로터리

혼잡하기로 세계에서 제일 가는 곳으로 교통의 요지다. 참고로 고돌리아는 신화 속 동물(52쪽 사진 참조).

알카호텔(aLka Hotel)은 갠지스 강 전망이 좋다는 호텔이다. 값이 싼 방이 나왔기에 얼른 예약했더니… 방에 침대는 두 개지만 천장에 대형 바람개비만 하나 돌아가고 에어컨이나 화장실이 없다. 이런…. 공용 화장실에 가보니 어쩌나 좁은지. 똥보는 이용불가이고 화장지 없이 작은 깡통이 하나있다.

아하… 이게 그거구나….

다만 전망은 좋아서 사진에서 보던 모습 그대로다. 가트(갠지스 강가 계단) 시설이 바로 내려다 보인다. 가끔 원숭이 가족이 호텔 정원 겸 식당까지 침입한다. 종업원이 고무줄 새 총으로 쏘아 위협하니 눈치 빠른 녀석 도망간다.

침대가 두 개이므로 둘 중 하나에는 배낭을 풀어 살림살이를 펼쳐 놓았다. 의류. 비상식량. 책. 의약품.

너무 더워서 샤워하고 쉬었다가 해질녘에 가트로 나갔다.

여기선 소가 갑이고 사람은 을이다. 소는 어슬렁거리며 길을 막고 걷거나 눕는다. 차와 사람은 비껴가거나 움직일 때 까지 기다려야 한다. 만약 가게 앞을 막고 있으면 주인이 회초리로 궁둥이를 때리는데, 그럴 경우 슬며시 다른 곳으로 간다. 소 주인이 다 있는데 먹이는 소가 알아서 거리에서 주워 먹고 주인은 우유를 짠다.

1 산악 국가인 네팔보다 인도는 농경지가 많다.
2 고락푸르 시가지　**3** 집집마다 소똥을 말려서
연료로 쓴다.　**4** 호텔에 체크인 하면 배낭을 풀
어 정렬한다.　**5** 바라나시 번화가 고돌리아 탑

바라나시 가트 VARANASI GHAT 풍경

혼돈과 충격의 연속이었다.

성자인지 노숙자인지 걸인인지 구별이 안가는 수염 긴 노인들이 손을 내민다. 내가 외국인인 걸 어찌 알았는지….

여자나 아이나 뜨거운 가트 돌바닥을 맨발로 다닌다. 골목길은 소와 개, 염소, 원숭이 똥오줌이 흙먼지와 섞여 질퍽한데 그냥 맨발로 밟고 다닌다. 에휴…. 얼굴을 치장하고 샤리를 차려입으면 뭐하나? 발을 보면 시커멓고 더러운데. 참 이해할 수 없는 종교적 문화이다.

마니카르니카 화장터로 갔다. 힌두교인들은 여기서 화장하고 재를 뿌리는 것을 최고의 영광으로 친다. 마침 불꽃이 활활… 화장 중이다.

웬 녀석이 따라 붙더니 "사진 촬영 금지"라고 한다. "알았다." 하고 좀 보다가 나오는데 이 녀석이 "좋은 포토 존이 있다."며 높은 곳을 가리킨다. 과연 잘 보이는 곳이라 가트 전체를 배경으로 휴대폰으로 두 컷 찍고 내려왔더니 이 녀석이 또 따라붙는다. 그리고는 "사진 금지 구역에서 두 컷 찍었으니 돈을 내라."며 협박이다.

이런 녀석… 난 이런 식으로 돈 주는 게 싫다. 짜증스런 어투로 "오냐, 찍은 사진 두 컷 삭제하마. 됐냐?" 하니 그래도 자선(Mercy)을 하라고 한다. 내가 무시하고 발길을 재촉하니 녀석 50미터쯤 따라오다가 제풀에 가 버렸다.

바라나시 갠지스 강변에는 약 2㎞에 걸쳐 가트가 80여 개 정도 있다. 모두 개인이나 관공서 소유이고 갠지스 강물을 마시거나 목욕하거나 수영하거나 장례 예식용으로 쓰는 유용하고 거룩한 곳이다.

바라나시는 힌두교, 불교, 자이나교 등 각종 종교의 공통 성지다. 마치 예루살렘이 그리스도교(가톨릭교회, 루터교), 유대교, 이슬람교의 성지이듯이. 또한 가트마다 특색이 있고 건축 시대와 유형이 달라서 한 나절 동안 순례하는 맛도 있다.

그 중 365일, 24시간 화장터인 '마니카르니카' 가트와 매일 뿌자(힌두 예식)을 드리는 '다스스와메드' 가트가 유명하고 중요한 곳이다.

힌두교 불꽃예식(ARTI POOJA 아르띠 뿌자)

여러 가트가 있는데 중간 위치에 있는 '다스스와메드'에서 저녁 6시 30분 경 사람들이 엄청 모여 들었다. 손에는 꽃쟁반이나 밀크 같은 걸 들고 있다. 이마엔 빨간 점(티카)을 찍고 무슨 그림을 그린다. 나에게 누가 찍어주려 하기에 사양했다.

밤 7시 30분경 7명의 브라만(사제)들이 주문을 외며 왼손으로는 작은 종(Bell)을 계속 딸랑 흔들며 율동 같은 예식을 하고 수천 명 힌두신자들이 환호, 화답한다. 클라이맥스는 봉헌된 꽃과 초로 트리처럼 만든 것을 들어 올리고 회전하는 것이다.

강에서 배를 탄 채 보기도 하고 8시쯤 되어 끝났는데 고돌리아부터 가트까지 인산인해…. 참 종교란 무섭다는 생각이 든다. 곳곳에 돌이나 나무에 칠을 하고 꽃을 걸고 절하고 돈을 놓는다. 힌두교는 참 이해하기 어렵다. 게다가 내게 돈 달라고 손을 내미는 거지가 참 많았다.

이렇게 혼란과 충격의 하루가 갔다.

목 판매용 저울

화장에 쓸 화목, 바르l

저녁예배

1 힌두교식 화장법. 추천받은 한 포토 존에서 촬영. 부자는 좋은 나무를 충분히 쓴다. 완전 연소되면 재를 강에 뿌린다. 가난한 유족은 화목을 충분히 못 쓰는데 불완전 연소한 시신을 그대로 강에 버린다. 그러면 시신 일부는 물고기가, 일부는 개가 주워 먹는다. **2, 3** 장례용 화목을 파는 가게. 저울로 달아 판다. 300㎏ 정도 필요하다. 타다 남은 화목은 인부가 수거하여 재활용한다. **4** 브라만(사제)들이 집전하는 불 예식

바라나시에서 사흘간 80개 가트 일주

돌아보니 참 안타깝고 아쉽다. 동서양 모든 이들이 바라나시를 "영혼의 안식처", "거룩한 곳", "명상의 나라" 등 미사여구로 찬양하기에 한 마디라도 비판을 했다가는 돌팔매 맞을 일이겠으나… 그래도 한마디 하자.

한국처럼 '새마을 운동'을 벌여 내 집 앞 내가 청소하고, 도랑 정비하고, 길 다듬고, 소와 개를 묶어놓는다고 바라나시의 전통과 신앙이 무너질까? 그 더러운 길을 맨발로 걷다가 신전에 들어가는 것과, 우리처럼 양말과 신발을 신고 다니다가 사원에 들어가 경배할 때만 벗고 들어가면 안 되는 건가?

여름이 시작되니 골목마다 악취가 심하다. 소똥·개똥과 내버린 음식 쓰레기 썩는 냄새…. 그래야 바라나시다울까?

가트 골목길에는 '황금사원'이 있다. 신앙 깊은 힌두교 신자들이 손에 바칠 예물(꽃, 과자, 우유 등)을 들고 좁은 골목에 늘 줄을 지어 기다려서 외국인은 들어갈 엄두가 안 난다. 게다가 휴대폰도 휴대 금지이다. 검색대가 있다.

원래는 힌두사원 자리였는데 헐고 이슬람 사원을 지어 종교전쟁까지 벌어져 수백 명의 무장 경찰이 깔려있고 새치기하는 사람은 경찰이 매질해 쫓는다. 그 신앙심은 알아줘야한다.

바라나시. 전통과 문명, 종교를 인정해야한다는 대전제 하에 가톨릭교회의 공의회 같은 걸 열어서 깨끗하고 좋은 환경을 만들면 참 좋겠다. 서너 시간 외출 나갔다오면 먼지를 씻어내기 위해 샤워하는 것은 물론 간단한 세탁까지 해야 한다.

거기에 대중교통(지하철, 버스다운 버스노선)이 없어 오토릭샤와 사이클릭샤에 의존하다보니 소와 개의 교통방해까지 더해져 세계 최악의 교통난이다. 이를 어찌할꼬?

한식당 위치는 모르고 거리 음식 겁나서 못 먹겠어서 호텔로 돌아와 비스킷과 물로 요기했다. 덕분에 밤에 엄청 배가 고파서 마침 가져간 '전투식량'을 꺼내 물을 끓인 뒤 '비빔밥'으로 해먹었다. 작은 포트를 가져온 건 탁월한 선택이었다.

생수는 1리터짜리 20루피인데 뚜껑을 살짝 돌려보고 재생 흔적이 있으면 되돌려주었다. 그래. 여긴 인도…. 조금이나마 실감이 난다.

여기선 맥주도 못 산다. 큰 호텔의 레스트랑에서만 파는 듯. 나머지는 암매(몰래) 하는 것이다.

제13일
부처의 첫 설법지 사르나트SARNATH 순례

바라나시에서 멀지 않은 곳에 불교 4대 성지인 '사르나트'가 있다. 네팔의 룸비니가 부처님 출생지이고 인도의 사르나트는 첫 설법지이다. 약 6세기까지는 불교로 융성했지만 힌두교와 이슬람교의 공격으로 인한 파괴로 한동안 묻힌 채 잊혀져 있다가 1835년 영국 고고학회가 발굴하여 오늘에 이른다.

바라나시 중심부에서 12㎞ 정도의 거리라서 철도나 버스가 아닌 오토릭샤를 대절했다. 왕복 450Rs에 합의했다. 연일 40도에 이르는 폭염에 고물 버스를 이용했다간 시간 맞추기도, 타기도 어려워서다.

불교신자가 아니라면 큰 의미가 없는 곳이지만 한국인 대부분은 불교 핏줄을 타고났다. 나도 큰 고모님이 서울 유명한 절의 주지셨고 어릴 땐 절 밥도 많이 먹고 컸다. 모처럼 바라나시까지 왔으니 역사 공부 차원에서 답사.

볼 것은 사실 하나이다. '다멕 스투파'라 불리는 첫 설법지에 아쇼카 왕이 세웠고 훗날 개축된 높이 33.53m의 거대한 탑으로 모양이 특이하다. 그 밖에 수십 동의 절이 있었는데 지금은 주춧돌만 남아있다. 박물관은 별도로 위치해 있다.

간 날이 금요일이었는데 이 날은 바라나시 모든 박물관이 휴업이다. 그래도 간 김에 태국 절 정원도 둘러봤는데 볼 만하다.

스투파. H33.53m. w28m

1 옛 사찰 주춧돌

교회순례 가톨릭교회와 개신교회

고돌리아 로터리에서 북쪽으로 한 블록. 그 사거리에 '성 토마스 교회' 가 있다. 성 토마스는 12사도 중 한 분인데 인도(첸나이)에서 순교했다. 이 교회는 개신교회이다. 가톨릭교회는 찾기 어려웠다. 시내에서 'Cantonment 구' 아치를 지나면 곧 나온다.

인도는 힌두교가 압도적(80%)로 많고 다음 이슬람(14.2%)이다. 덕분에 지금도 이 폭염에도 검정 차도르를 뒤집어쓰고 눈만 내놓고 다니는 여자들이 눈에 띈다. 참 안쓰럽고 무섭다.

크리스찬 신자 수는 불교(인구의 0.8%)보다 많아서 약 2.3%인데 소수의 개신교(영국 지배의 영향으로 성공회가 고루 분포되어 있고 인도북동부 나갈랜드 지역에는 침례교 등이 있다)를 감안해도 가톨릭 신자는 약 2천만 명이 넘는다.(한국 가톨릭교회는 약 550만 명으로 본다). 주교(Bishop)만도 200명이 넘는 규모이다. 바라나시 교구에는 주교좌(Cathedral) 대성당 외에 50개의 본당이 있다. 그러나 다 합쳐도 신자 수 2만 명에 못 미친다.

그 다음 세력으로 약 1.9%인 시크교가 있다. 머리에 터번을 두르고 작은 칼을 찬 사람들이다. 자이나교는 0.4% 정도지만 유대인들처럼 인도의 경제, 언론, 첨단기술 분야를 장악해서 영향력이 막강하다.

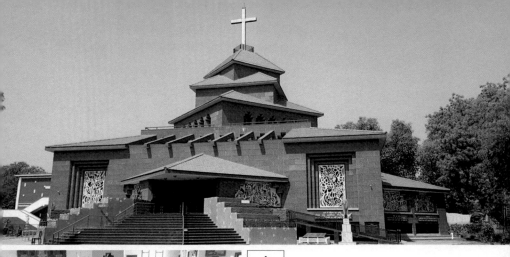

1 바라나시 대성당 **2, 3** 인도 천주교회 바라나시 교구 대성당. 마침 부활절 준비로 성가대 연습 중이다. 힌디어 시편 같은데 음표는 없다. 그냥 듣고 배운다. 힌디어로 부르는 노래를 들어보니 전혀 모르는 토착화된 인도 선율이다.
4 사순시기, 십자가 가려져 있음

성 토마스교회(개신교)

제15일
바라나시 힌두대학교BHU와 사원

내가 겪은 바라나시 6일간의 생활

　사흘간 바라나시 강가(Ganga, 강) 가트를 다 돌았다. 동북 끝단 말비야 철교(카시 역)에서 서쪽 아씨 가트까지 왕복으로 약 3시간 걸린다. 3월인데도 새벽이라야 가능하고 낮엔 탈진한다. 바라나시 가트는 인도, 네팔을 통틀어 힌두교 성지 중 으뜸으로 친다. 그래서 과학이나 윤리로 보면 안 풀린다.

1 '바라나시 힌두대학교' 안에 있는 '뉴 비슈와나트 사원'은 이슬람에 의해 파괴된 힌두사원을 대학 설립자가 현대식 감각으로 재건축한 것이다.
2 대학의 구내 사원이므로 입장료는 무료이나 신발을 벗게 하고 신발 보관료 20루피 징수한다. 인도인은 대부분 돈 안내고 들어간다.

이 갠지스 강물 한 방울은 강 전체와 같다. 내가 보트 타고 강 중심에 나가서 보니 강변 물보다는 깨끗하고 수온도 높아서 새벽에 목욕하고 수영해도 별 지장은 없다.

그러나 두 곳의 화장터 가트에서는 종일 화장이 이어지고 부근에는 화목을 저울로 달아 파는 상점이 많다. 개가 뜯어 먹고 있는 고기를 보니 타다남은 시신의 발이어서 몸을 부르르 떨었다.

그 옆에서는 죄를 정화한다고 목욕한 뒤 강물을 플라스틱 통에 담아 고향에 가져간다. 도비(세습 세탁부)는 병원과 호텔에서 나온 침대 시트를 세탁하고 있다. 정화 장치는 없다.

동정인가, 자선인가?

크리스찬들은 어제(4월 1일) 부활절을 맞이했다. 크리스마스보다 의미가 큰 대축일이다. 그 전 주일까지 사순시기라 고통과 참회 및 자선을 강조한다. 바라나시에 와 보니 자선의 기회가 많다. 너무 많다. 그래서 나름의 우선순위와 원칙을 정했다.

- 참혹한 장애인 최우선
- 아기를 둘, 셋 거느린 거지 엄마 가장
- 거의 죽어가는 듯한 아기를 안은 어린 소녀

물론 개중에는 앵벌이도 있다고 하지만 차마 외면할 수 없었다. 많으면 10루피. 적으면 5루피. 그런데 고맙다는 인사나 표현이 없다.

한번은 멀쩡한 처녀가 샤리를 입고 "헝그리…" 하며 손을 내미는데 배고픈 내 과거가 생각나서 배낭에서 비상용 간식인 '바나나'를 하나 꺼내주었다. 이것도 10루피나 한다. 그런데 안 받는다. "머니. 머니…" 하며 현금 달라고.

에라, 이놈아 안 준다.

이젠 아무하고도 눈을 마주치지 않으려 노력한다.

소비자 물가는 싼 편이다.

1리터 생수가 휴게소나 대중식당에서 30루피이고 동네 가게에선 20루피(한화 350원)이다. 국민차 짜이도 휴게소나 번화가는 10루피지만 동네에선 5루피 정도한다.

아침 식사용 과일을 보면 바나나가 한 개에 5루피이다. 오이도 마찬가지. 하지만 사과는 매우 비싸다. 한 개에 35루피. 코코넛 작은 것도 50루피에 수박 한 쪽(Piece)도 10루피.

오토릭샤는 기본이 100루피 정도 한다. 현지인들은 20~50루피에 타는데 외국인은 어림도 없다. 기본으로 200루피를 부르고, 협상을 잘 해야 100루피로 깎을 수 있다.

쓸만한 가죽 샌달을 사보니 300루피면 산다. 맥주는 공식적으론 안 판다. 일반 식당에서 파는 건 비공식이고 250~300루피 정도한다. 파는 건 인도산 킹피셔(Kingfisher). 허가받은 호텔 레스트랑에선 200루피를 받는다.

한식당은 대개 200~300루피이다. 소고기가 없는 나라라 갈비탕, 육개장이 없는 게 아쉽고, 인도식 만두나 요리에는 소고기나 돼지고기를 안 넣으니 맛이 없다.

한인 장년 단체 여행팀을 'RAGA' 식당에서 만났다

꽃 중년 여자 한 분은 배가 아파 화장실을 찾고, 또 한 분은 드러누우며 빨리 집에 가고 싶다고 한다. 겨우 사흘째인데… 환경 적응이 어려운 탓이다.

이제 콜카타로 간다. 카시미르 등지에서 달리트 인권 등의 문제로 폭동(?)이 일어났다니 큰일이다. 여행자와 거주민 모두 안녕하시길, 또한 건승하시길 빈다.

인도 여행은 사실 리스크가 크다. 오죽하면 여행자들이 "여행의 끝판왕은 인도"라고 할까. 모든 것이 불안정하고 예측이 어렵고 환경에 순응하고 살아야 하는 곳이 인도이다.

한식 카페(식당)와 철수네

바라나시를 여행하는 한국 여행자는 거의 'Pandey Ghat' 골목에 있는 '철수네 식당'을 찾아간다. 이 사람, 한국말과 일본말을 배워서 한식당과 보트 사업으로 재미를 보고 있다. 본명은 '바블로'이고 올해로 38살인데 18년 전 한비야를 처음 만나 '철수'라는 이름을 받았고 식당 이름도 지었다.

카스트 제도에서 '달리트'라는 천민계급인데 새까맣지만 친화력이 있다. 인도 헌법상 신분 차별은 철폐되고 현 총리도 달리트 출신이지만 힌두교가 존재하는 한 계급은 없어지지 않는다고 한다.

된장찌개를 먹어보니 맛이 좋다. 내가 위생 걱정하니 염려 마시란다. 수도물을 꼭 정수하여 쓴다고 강조한다.

부친과 조부가 이곳 어부 출신이라 자기도 12살 때부터 노를 저어 돈 좀 벌었다고 한다. 보트 사업 경쟁자가 없었나보다. 어제 새벽에 철수네 보트를 타러가니 한국 손님이 나 혼자라 1시간 동안 유람하고 200루피를 냈다. 손님이 많으면 값이 싸진다.

원숭이 쫓아내기

힌두교는 세상 만물에 다 영혼이 있다고 믿으며 신으로 받든다. 어제가 하누만 축제였는데 퍼레이드가 대단했다. 도시 교통 마비⋯. 그런데 내가 묵고 있는 호텔에 원숭이 가족이 침입했다. 호텔 종업원이 고무줄 새총을 쏘니 모두 도망갔다.

개는 싫어요

어제는 한식을 하는 인도인 식당에 갔다. 시커먼 개 한마리가 내 옆에 와서 혀를 낼름거린다. 내 메뉴(탕수육)가 나오면 얻어먹을 태세다. 내가 "개 싫어요." 하니 주인이 데려갔다.

여기 개는 우리나라 애완견과 달라서 광견병 예방주사도 안 맞고, 무엇보다 피부가 더럽다. 멀리해야 한다.

음악 배(MUSIC BOAT)

요즘 하누만(원숭이 신) 축제라 온통 요란하다. 갠지스 강에서 고성능 스피커를 장착한 배에서 "하누만 신을 찬양하라."며 기도 노래를 방송한다. 드럼반주에 밤낮이 없어 잠을 설친다. 한국 같으면 소음 공해라고 고소할 텐데⋯.

철수 씨에게 물어보니 축제 전문행사용 배로 주야로 연주하다 축제가 끝나면 또 다른 데로 간단다. 비용은 신심 깊은 힌두교 부자들이 댄다고 한다.

유료화장실

네팔과 인도에서는 대자연을 화장실로 이용(Natures call)하는 경우가 많다.

바라나시 철수 카페

바라나시에는 남성 소변 전용 무료 화장실이 곳곳에 있다. 다만 칸막이가 없어 뒷모습이 모든 이에게 다 보인다.

반면에 가트 지역엔 유료 화장실이 몇 개 있다. 샤워실도 있고 깨끗해서 이용할 만 하다. 심지어 사용료는 단돈 5루피!

제16일
바라나시, 작별인가, 탈출인가?

네팔 룸비니를 거쳐 육로로 바라나시에 도착했을 때 쇼크와 실망을 느꼈다. 내가 걱정한 것은 과연 계획된 6일을 잘 견뎌낼 수 있을까였다. 해외 경험이 결코 적지 않음에도 불구하고 이 정도의 소음, 매연, 무질서와 폭염은 처음이었다. 말 그대로 내 상상을 초월한 상태였다.

이제 오늘 오후, 콜카타로 떠난다. 기쁘다.

황금사원(Golden, Vishwanath temple)은 숙소에서 가까워 세 번이나 찾

시바신에게 바친 바라나시 황금사원
(사진출처 WIKI)

아갔으나 번번이 입장을 못했다. 가트 뒷골목에 힌두교 신자들이 바칠 예물을 들고 구름처럼 몰려들어 장사진을 치고, 무장 경찰 수백 명이 철통 같은 경비를 서면서 새치기하는 사람을 몽둥이질하여 쫓아낸다.

검색대를 통과해야 하고 카메라나 휴대폰조차 돈 내고 보관해야 한다. 즉 우린 접근도 어렵고, 만약 들어간다 해도 사진을 못 찍는다. 그래서 구글에 검색하여 이미지를 찾아냈다.

이 사원은 원래 힌두사원이었는데 17세기 이슬람 세력이 정복하던 시절 다 파괴하고 모스크를 지어 원성이 컸다. 그 후 18세기에 다시 힌두사원을 지으면서 독지가가 황금 800kg을 기부하여 지붕부터 건물 전체를 금으로 입혔다. 그래서 종교 간의 갈등이 커졌고 테러 위험이 상존하는 것이다. 그런 배경으로 감정이 쌓여서 테러나 분쟁 가능성이 높다.

바라나시에서 콜카타로 가는 것은 5박 6일 동안 유격훈련을 하고 휴가 가는 기분이었다. 호텔 체크아웃은 12시였다. 더 나가봐야 볼 것도 없고 폭염 뙤약볕에 소똥과 오줌을 밟아가며 그 아수라장을 보고 싶지 않았기에 스마트폰을 벗 삼아 멍 때리고 놀았다.

12시 15분 전에 체크아웃 했다. 나오자마자 엊그제 사르나트 오토딕샤 (이하 뚝뚝) 소개해주고 재미를 본 그 녀석이 호텔 정문을 지키고 있다가 내가 배낭 지고 나오니 아는 체하며 팔을 잡는다. 내가 공항으로 가는 걸 알기 때문이다. "씩스 헌드레드, 오케이?"란다. 이 녀석, 자본은 투자 안 하고 소개비만 벌어먹는다.

택시는 1,000루피 이상(공항에서 나중에 확인해 보니 paid taxi가 고돌리아까지 850루피다) 하고 뚝뚝도 600루피를 부른다.

사실 어제 고돌리아에 나가서 여러 뚝뚝한테 경쟁을 붙여보니 300루피까지 내려갔다. 그러니 내가 호락호락 녀석의 뜻대로 할 리 없다. "노. 어제 내가 확인했어. 300루피면 돼." 하고 길을 재촉하니 녀석이 슬그머니 가버렸다.

내 주장은 값을 무조건 깎자는 게 아니다. 외국인이라고 바가지 씌우는 건 싫으니 정상가격을 주겠다는 거다.

약 200m 걸으니 고돌리아 로터리에서 뚝뚝이가 에워싸고 나를 태우려 한다. 여기선 내가 갑이다.

비열한 인도 오토릭샤 왈라(이하 뚝뚝)들

고돌리아에서 공항까지는 약 20㎞로, 시간으로 따지면 50분 정도 걸리는 거리이다. 그리고 경쟁 끝에 뚝뚝1과 400루피에 협상하고 배낭을 실은 뒤 12시 55분에 출발! 매연과 더위를 생각하니 차라리 돈을 더 주고 에어컨이 달린 택시를 탈 걸 그랬나 했다.

그런데 뚝뚝1의 행태가 이상하다. 15분을 가도 혼잡한 시내 번화가를 못 벗어난다.

그러다 드디어 어느 로터리에 세우더니 내리란다.

"여기가 공항이냐?" 하니 아니란다.

허? 무슨 상황?

곧 주차 단속하는 젊은 경찰이 와서 내가 상황을 물으니… 이 1번 뚝뚝이 공항 가는 길을 모른다고 한다. 그러니 이제까지 온 것만큼 돈 조금 받고 더 안가겠다는 거다. 도로에 이정표가 거의 없고 네비게이션도 없는데 시내에서 단거리만 뛰던 놈이 욕심을 내서 나를 태우긴 했는데 결국 시내만 뱅뱅 돌다 손을 든 것이다.

나는 돈 못주겠다고 하다가 인생이 불쌍해서 경찰관의 말대로 40루피 주어 보냈다. 그러자 다른 뚝뚝2가 접근했다. 자기가 공항까지 가겠다고 하여 350루피에 협상하고 출발했다.

그런데 수상했다. 운전하며 자꾸 다른 동료에게 길을 묻는다. 10분 정도 가다가 나이가 좀 든 뚝뚝3 뒤에 정차하더니 바꿔 타라고 한다. 이 녀석도 공항 가는 길을 모르는 거다. 그리고 둘이서 언쟁을 시작한다. 뚝뚝2가 뚝뚝3에게 자기가 조금 운행했고 손님을 소개하는 것이니 돈을 내라고 하자 못주겠다고 싸우는 것이다. 폭염에 노출된 손님은 신경도 안 쓰고 안하무인 무례함이다.

결국 내가 인내심이 폭발하여 "내려서 아예 다른 뚝뚝을 타겠다."고 언성을 높이니 뚝뚝3이 양보해서 뚝뚝2에게 40루피 주어보냈다. 뚝뚝1과 2 모두 길도 모르면서 이런 식으로 중거리 요금을 챙기는 것이다. 결국 길을 아는 뚝뚝3과 바라나시 공항으로 가게 되었는데 내게 묻지도 않고 로컬버스처럼 손님을 태우고 내리면서 6명으로부터 20루피씩 받더라. 휴….

결국 1시간 30분이나 걸려 공항에 도착해 350루피를 주었다. 비행기 시간이 임박했다면 고생할 뻔했다.

바라나시 공항에서

저녁 7시 30분 출발인데 6시간이나 일찍 공항에 간 것은 피서하며 쉬기 위해서다. 국내선도 공항경찰이 여권과 비행기 티켓을 검사하므로 잡인은 못 들어온다. 화장실 쓰고 간식 사 먹으며 잘 쉬었다. 아쉬운 것은 공항 청사 내에 식당이 없다는 것이다. 간식 스넥 정도만 판다.

쉬면서 오가는 사람들을 보니 바라나시와 딴판이다. 우선 용모와 때깔이 다르다. 맨발인 사람도 없다. 국내선인데도 말이다. 허…. 근데 빵이나 짜이 가격은 시내 3배이다. 인도 짜이가 60루피라니.

탑승수속이 우리나라와는 다르다. 지방 공항마다 다른데, 바라나시는 항공사마다 검색대가 따로 있다. 나는 인디고 에어(indigo air) 검색대로 가서 보안점검을 받고 데스크에서 보딩패스를 받은 뒤 큰 배낭을 부쳤다. 그 후 제한구역 들어갈 때 몸수색과 휴대품 검사한다. 비행기는 정시 출발, 정시도착이다.

저가 항공 운임($39)이라 간식을 파는데 컵라면을 200루피, 커피를 100루피에 판다. 그런데 "빠니(물)~" 하니까 무료로 한 컵 준다.

밤 8시 40분. 콜카타 공항에 착륙하여 짐을 찾아 나오는데 'a/c tax'라써 붙인 샵이 있다. 고급 paid taxi이다. 밤 9시이고 지하철이나 버스가 만원이면 민폐를 끼치므로 과감히 타기로 했다. 초행길에 코레아 장년이 배낭을 앞뒤로 메고 길 묻고 헤매는 것은 아니다 싶었다. 네팔과 인도의 로컬 버스로 고생한 이 몸, 호강 한 번 시켜주자. 그래서 약 25㎞ 거리에 있는 호텔에 무려 1,050루피를 주고 왔다.

거리를 보니 바라나시보다 크고 조용하고 깨끗하다. 차량 전용 고가도로도 있고 지하철도 있다. 우선 맘에 든다.

밤 10시. 호텔에 투숙하니 바라나시를 탈출하여 콜카타로 온 기분이다.

예전에 학교에서 칼카타(Calkata)로 배웠는데 콜카타(Kolkata)로 바뀌었다. 막상 와 보니 거리 간판에 두 가지 다 쓴다. 예를 들면 이곳 영자 신문은 "Culcutter"로 발행하고 있다.

열차나 버스로 왔으면 숙박비와 교통비는 절감되겠지만… 청년 때라면 몰라도 이젠 자신이 없다. 비행기와 Paid taxi로 호텔에 체크인하고 보니 방이 트윈 침대라 너르고 화장실도 널널하다. 사실 룸비니와 바라나시에선 변기 어느 쪽이 앞이고 뒤인지 몰라서 이렇게 앉아보고 저렇게도 앉아 봤다. 그 결과 구멍 쪽이 구멍이라는 걸 알아냈다. 덕분에 오금이 저려 혼났다.

이번 호텔은 좀 낡았지만 배낭 여행자에겐 호사이다. 샤워하며 세탁까지 실컷 해 널었다. 에너지 충전!

바라나시 가트 스냅샷

스강 풍경6

갠지스강 풍경4

원 가트

마니까르니카 가트예 기운 사원

제17일
콜카타 KOLKATA 이야기

확실히 바라나시보다는 모든 면에서 발전해 있다. 바라나시는 종교 도시라 삶과 죽음이 하나의 개념으로 자리잡은 탓에 느긋하다. 반면 콜카타는 영국의 식민지 수도로 경제 활동이 많았기에 지금은 경기가 많이 죽었다지만 그래도 역동적이다.

기온이 바라나시보다 좀 낮은데 해양성 습기 때문인지 체감 온도는 비슷하다. 시내 버스가 많은데 옛날 우리나라 생각이 나서 호감이 갔다. 그런데 문짝이 없다. 제작할 때부터 안 만든 거다. 창문도 유리가 없는 게 태반….

콜카타에는 서부 벵갈의 도청이 있다. 동부 벵갈이 오늘날의 방글라데시이다.

지하철 노선이 하나 있는데, 타면 시원하겠다는 망상은 깨자. 타려고 보니 객차 창문을 열고 다닌다. 간혹 에어컨이 가동하는 객차가 있다. 한국산이라는 얘기도 있고….

객차에 안내문은 3개 국어로 게시했는데 벵갈어, 힌디어, 영어다. 그리고 매 객차마다 중앙부 좌석 전체가 여성용이다.

차표는 중년 남성들이 팔고 있다. 거리별로 요금이 다른데 5루피부터 시작한다. 매우 싸다. 지하철 시설은 사진촬영 금지고, 낮엔 승차 시 배낭을 검색대에 통과시켜야 한다. 테러 위험 때문인지 곳곳에 군 병력이 배치되어있다.

첫 방문지는 성 폴(바오로) 대성당이다. 1847년 준공 이후 지진 피해를 많이 입어 여러 차례 중·보수가 이루어진 곳이다. 교구청이 성당 길 건너에 있는데 콜카타뿐 아니라 서부 벵골을 관장한다.

벌라 천문대(Birla Planitarium)는 시간(13:30시에 개관)이 안 맞아 패스. 빅토리아 영국 연방 여왕 메모리알 기념관도 입장료 200루피(외국인)라기에 포기했다. 대신 10루피만 내고 잘 가꾼 정원을 산책했다.

파크 스트리트로 이동해 회원이 알려준 가게에 가서 심카드를 넣고 환전도 했다. 28일간 매일 데이터 1기가에 통화 무제한인데 값은 고작 400루피이니 대박이다. 이런 걸보면 우리나라 통신료는 엄청 바가지다. 환전도 내가 본 것 중 최고의 환율(미화 100달러 = 인도루피 6,500)을 적용해 바꿨다.

인도 박물관(Indian Museum)은 티켓을 사려고 보니… 인도인은 20루피인데 외국인은 무려 500루피이다. 더운데 더 더워졌다. 티켓 값을 확인하고 포기하기로 했다.

직원에게 "넌센스~" 하니 자기도 미안한지 어깨를 들어 보인다. 오늘은 콜카타 남부 지역을 두루 살폈고 중부 지역은 내일을 기다린다.

성 바오로 대 성당

성 바오로대성당3,콜카타

성 바오로 대성당2. 콜카타

1, 2 영국식 건축기법이다. 1847년 첨탑 높이 60m로 지었다. 몇 차례의 지진 피해로 증·보축 되었다.
3, 4 대성당 정면 샷과 성당에 있는 흉상. 대성당에 영국 육군 소장(W.N.FORBES) 흉상이 있다. 내용이 궁금하여 비문을 읽어보니 공병(시설)장교로 콜카타 건설(특히 성당)에 공이 많은 분이다. 역시 세계적인 대영제국답다. 군인이라도 공이 있으면 교회에서도 드높여 기린다.

콜카타 투어

콜카타의 기온은 35도라는데 습도가 높아 땀이 주르르 흐른다. 현지인들은 땀도 별로 안 흘리고 이 더운데 길거리 노점식당에서 신사숙녀 할 것 없이 신나게 사 먹는다. 침만 삼키고 보기만 한다. 주로 모모(만두)나 인도 비빔국수가 많은데, 나는 거리 음식은 안 먹기로 작심한 바 있다. 혼자 다니다가 아프면 안 된다.

어제 '김대리'라는 카페 회원 덕에 심카드를 넣어 처음 올라 캡스(Ola cabs)를 이용해 보니 좋다. 우버(Uber)와 비슷한데 더 싸다. 나온 차는 현대차 엑셀인데 카심이란 기사는 젊은 친구이다. 앞에 삼성 휴대폰을 올라를 통해 네비로 쓰고 있고 그 옆엔 가네샤(코끼리 얼굴) 장식이 있다.

올라 앱에서는 128루피(보험료 선택 1루피 포함)인데 하우리 다리에서 내릴 때 보니 155루피 나왔다. 약 14㎞인데 흥정해서는 오기 힘든 거리이다.

하우라 철교(Howrah Bridge)는 '후글리 강'을 횡단하는 길이 705m의 대교이다. 약 30년간의 역사 후 1943년에 완공되었는데, 양방향을 엄청난 인파가 다닌다. 차량만도 하루 10만대 이상 다니는 4차선 도로에 양쪽으로 보행로까지 있다. 당시 영국의 토목 기술은 잘 모르지만 철강을 엄청 투입해(약 26,000톤) 만들었다. 복층 구조로 만들 수 있지 않았을까 하는 아쉬움이 있다. 다리 밑에는 오래되고 큰 꽃 시장이 있다.

이어 오토릭샤에게 '타골 하우스'를 물으니 모른다. 한참 후 아는 이가 나왔는데 200루피 요구해서 거절하고 노랑 택시와 흥정해서 150루피에 라빈드라나트 타골(R. Tagore)의 집을 찾아갔다.

타골은 이곳 벵갈어 작품으로 노벨상을 받은 분이고 우리나라가 일제 치하에 있던 시절에 일본의 초청을 받고 와서 조선을 "동방의 빛"으로 칭송한 분이기도 하다. 택시기사도 동료들과 한참동안 위치에 대해 토론한 후 잘 찾아갔다. 가 보니 입장료 150루피에 사진 절대 엄금. 신발을 벗어 맡기고 올라가 보니 개인 3층 저택을 박물관으로 리모델링한 것이다. 과연 부호 출신이다. 미국에도 여러 번 가고 유명 석학들과 교유(交遊)도 했다. 전시품은 별 것 없다. 주로 사진과 기증받은 미술, 조각품이다.

복도 곳곳에 감시 직원과 cctv가 많다. 건물 외부 사진도 티켓 사서 찍으라기에 완전히 나와서 한 방 찍었다.

오전 3시간 다니니 지친다. 기리쉬 파크(Girish Park)역에서 지하철 타고 숙소로 와서 샤워와 세탁. 점심은 망고 주스(25루피)와 바나나 2개(10루피), 비스켓(10루피)으로 때웠다.

서울에서 가져온 '특전 식량'도 떨어져서 걱정이다.

아르메니아 정교회 성당을 찾아서

비비디 박(BBD Bagh)은 신도시 분위기이다. 폭염이 사그라들기를 기다려 오후 5시경 Ola cabs으로 택시를 부르니 미니 승용차가 왔다. 신기하다. 타골의 이름을 딴 '라빈드라 사단(Rabindra sadan)' 근처 호텔에서 강변 길로 빠지니 빠르고 좋다.

비비디 박의 'Writer's building'까지 120루피이니 싼 값이다. 깨끗하고 영국풍 건물들과 호수가 인도 같지 않을 정도이다. 금융 도시 느낌. 이어 북쪽 큰 시장(Bazar)에 있다는 아르메니아 정교회 성당을 찾아 나섰다. 구글 맵 참고하면서….

아르메니아 교회는 작년에 코카사스 3국(아르메니아, 조지아, 아제르바이젠)을 순례하면서 로마보다 먼저 그리스도교를 받아들인 나라의 교회라 관심이 있었는데 인도 콜카타에까지 진출한 모습을 보고 싶어서였다. 그런데 구글 맵으로는 800m 정도로 약 14분 거리인데 시장 중심지에 있는지 뱅뱅 돈다. 저녁 6시가 넘으니 시장은 바라나시 고돌리아 못지않게 북새통이다.

1시간 이상 헤매다가 시장 점포사이에 위치한 'Armenia Authodox church'를 찾아가는데 성공했다. 인도 서 벵골에 정착한 아르메이안 상인들이 러시아 신자들의 도움을 받아 1724년에 설립한 '성 나자렛 정교회 성당'이다.

야간이라서 간신히 성당 종탑 모습 한 컷 찍고 나왔다. 사제 1명에 주일 미사 기준 약 20~30명 정도 출석한다니 명목만 유지하는 셈이다.

바자르에서 나오는 길에 길을 잃었다. 서울 동대문 시장과 남대문 시장을 합한 것보다 크고 상품도 다양한 시장에서 기리쉬 파크 지하철 역으로 나와야 되는데 도통 모르겠다.

7시가 넘어서 배도 고픈데 한국과 달리 큰 거리로 나와도 식당이 없고 택시도 뚝뚝도 없다. 큰일 났다. 한참 걸었다. 무슨 큰 건물이나 호텔이 있으면 'Ola cabs'를 불러 타려했는데 가도 가도 청계천 공구 상가 같은 거리의 연속이다.

휴…. 내가 미아가 되는구나. 비상수단으로 두리번거리다가 청년 셋이 담배 피며 담소하는 것을 보고 말을 붙였다. 그리고 길을 잃었다고 택시를 좀 잡아달라고 부탁했다.

그러자 그 중 한 명이 나에게 지하철 역까지 안내하겠다며 앞장서고 찻길을 건너거나 복잡한 시장 통에서는 아이 다루듯 내 손목을 잡고 인도한다.

약 30분 후 고개를 들어 보니 Central 역이다. 하도 고마워서 우리 저녁식사를 함께하자고 권하니 자기는 'Dum dum' 방향이라 자기가 나의 탑승을 확인하겠다며 차표까지 사 준다. 10루피이다. 그리고 플랫폼에 와서 어떤 신사에게 나를 '라빈드라 사단(Rabindra sadan)' 역에 꼭 내려달라고 당부까지 하고 내가 탄 지하철이 출발할 때까지 손을 흔들면서 헤어졌다.

내가 콜카타에 와서 착한 사마리아인을 만난 듯 하여 인증샷을 찍었다. 신발 제조사 영업 사원이란 젊은이였다. 한국 축수선수 기성용 등을 아는 한류 팬이다.

8시경 역 앞 식당을 찾아 '상해식 볶은 밥'을 사먹고 호텔로 돌아와서 샤워하곤 바람결 풀잎처럼 쓰러졌다.

성녀 마더 데레사(ST. MOTHER THERESA) 사랑의 선교수녀회와 자선 병원을 찾아서…

콜카타에 지하철 6호선까지 건설한다고 공표한 게 언젠데 아직 1호선 하나뿐이고 공항까지 연결하는 노선도 'Dum dum'에서 끊겨있다. "빨리 빨리 정신"을 한국으로부터 배워야 한다.

오늘은 지하철을 세 번 탔다. 세 번 모두 에어컨 있는 객차다. 이건 확실한 행운이다. 오늘 처음으로 한국에서였다면 폐차 연한이 두 번 이상 지났을 것 같은 시내버스도 두 번이나 탔다.

길을 물으니 친절하게도 버스 번호를 적어주고 타는데까지 나와서 내가 타는 것 확인하고 간 시계방 아저씨도 있었다.

앞에 앉은 아가씨의 옆자리가 비었기에 앉았더니 여성용이다. 이런… 동양인 아재니까 이해해줄 거다.

한국처럼 마을버스까지 에어컨과 wifi가 되는 나라가 또 있을까? 하긴 요금이 6루피(약 100원)인데 뭘 기대하랴?

오늘 첫 방문지는 깔리 가트(Kali ghat - 힌두 사원)이다.

지하철에서 내려 출구로 올라가니 젊은 친구가 "깔리 템플?"이라며 손을 들어 안내한다. 참 기특하다. 그런데 골목 들어서니 안내 표지가 있어서 안내가 필요 없는데 자꾸 안내한다. 아하… 필시 '꾼'이구나. 나도 지혜가 있는 한국 장년이다. 나 다 아니까 따라오지 말라고 했다.

곧 가게들이 즐비해 있는 곳에 도착했는데 신발을 벗어 맡기라고 한다. 할 수 없이 벗고 맨발로 일어서니 생수병을 들어 손바닥에 두 세 방울씩 뿌려준다. 나는 "방금 씻어 깨끗하다."고 했는데 "힌두 사원 들어가려면 힌두 성수로 씻어야 한다."고 해서 따랐다. 다행히 "돈 달라." 소리는 안 한다.

4번 출입구로 들어가니 인산인해. 웬 중년 사내가 청하지도 않은 안내를 시작한다. 그 참… 모퉁이에서 푸줏간을 하는지 고기를 자르고 있다.

아하. 이게 제사 바친 염소구나….

이 고기는 비싸게 팔린다고 하는데 비위에 안 맞아 외면했다. 이 친구, 2층 본전에 줄을 길게 선 것을 가리키며 급행으로 안내할 테니 200루피를 내라고 한다. 나는 기분이 이상해진다며 뿌리치고 나왔다. 휴….

성인 반열에 오른 성녀 '마더 테레사'의 '사랑의 선교 수녀회'가 운영하는 '죽음을 기다리는 집(Nirmal hriday, 호스피스 병동)'에 가서 내 소개를 하니 수녀 한 분이 나와서 시설을 견학시켜 준다.

진짜 말기 암 환자부터 근육이 굳은 이, 중증 치매 환자까지…. 침상이 약 2백 개는 되어 보인다. 그리고 사진은 엄금.

그래서 희생 봉사(Volunteer)에 대해 물으니 '마더 테레사 하우스(본부)'로 가야한다기에 나와서 택시를 흥정했다. 나도 이제 택시 요금 흥정의 묘를 터득한 사람이다. 부르는 요금 300루피를 150으로 깎았다. 내릴 때 보니 미터기가 135루피. 정상 요금으로 잘 온 셈이다.

드디어 TV에서나 보던 수녀원 본부이다. 가슴이 설렌다. 마침 벵갈어 미사 중이다. 못 알아듣지만 눈치로 짐작은 한다.

이어서 자인교(Jaina) 사원 쉬딸나뜨지(Sheetalnathji temple)에 가기로 했다. 이 사원은 화려하기로 유명하다. 불교보다 후발 종교인데 더 엄격한 불살생을 강조하여 땅바닥에도 미생물이 있을 수 있다하여 빗질을 한 후 앉고 구두도 소가죽이라고 안 신는다. 수돗물도 안 마신다. 소독하면서 균을 살생했다나?

신자 수는 인구의 0.4%지만 농사, 축산 등을 금지하기에 유대인처럼 일찍부터 상업, 금융에 눈을 떠서 지금은 금융과 언론, 첨단 과학 분야를 잡고 있다.

이 사원의 본전에 부처 같은 형상이 있어 "누구인가?" 하고 안내원에게 물어보니 "싯달다 10대"라고 한다. 가톨릭교회의 교황쯤 되는 모양이다.

오늘도 여러 사람의 도움으로 저렴하고 경제적으로 잘 순례했다. 이제 내일 첸나이로 날아간다. 양식거리를 못 구해 거리에서 바나나 5루피, 오이 7루피, 햄버거와 만두 160루피 어치를 사서 두 끼를 해결하기로 했다.

콜카타에 며칠 지내보니 바라나시에 많은 거리의 소가 별로 안 보인다. 그 대신 낮잠 자는 개가 많다. 잘못 밟으면 공격하니 조심해야 한다. 거지가 많지만 바라나시보다는 적다. 무엇보다 공기가 맑다. 도로 포장률이 높기 때문인듯 하다. 바람도 불어 기분 좋은 날이었다.

5일간의 콜카타 여정을 마치고 첸나이로

원래 호텔에서 공항까지 갈 때 지하철과 에어컨 버스를 이용하려고 했는데 이 더위에 13kg짜리 배낭을 등에 지고, 앞에는 4kg짜리 배낭을 맨 채 지하철을 타면 큰 민폐가 된다. 이틀간 'Ola cabs'를 써보니 몇 백 루피면 편하게 갈 텐데.

흔히 젊은 층은 이 "인여" 카페를 보면 콜카타는 별 재미없는 곳, 경유하는 곳으로 생각들 하는 것 같다. 내 생각은 다르다. 볼게 많다. 먹거리와 밤 문화는 별로겠지만 '자인교 본산', '성 바오로 대성당', '칼리 가트 힌두 사원'은 이곳 3대 종교의 전례, 건축, 문화 등을 비교하는 차원에서도 볼만하다.

여기서 "짜이"를 찾으니 잘 모른다. 그냥 "인디언 티"다. 사람들이 순박하고 잘 도와준다. 미네랄 워터를 마셔보니 '아쿠아피나(Aquafina)'가 제일 좋고 그 다음이 킨리(Kinley)이다. 다국적 기업인 코카콜라와 펩시의 제품이다. 비슬레리(Bislery)는 호텔에 무료로 공급되는 물품이기도 한데 좀 짠 맛이 나서 좋은지 모르겠다. 게다가 미네랄이 아니고 정수한(Purified) 물이다. 값은 1리터에 20루피. 그저 만만한 게 망고 또는 Mixed 주스이다.

영국 혼혈이 많은지 백인이 많다. 지하철, 버스 다 타보고 올라 택시도 배워 타니 좋다. 성 마더 테레사 집과 호스피스 병동을 본 것도 기억에 남을 것이다.

직접 봉사를 못하고 떠나서 좀 미안한 마음이다.

하우라 대교7,콜카타

R.Tagore house, 박물관

타골 집 골목 아치,콜코타

Writer's 빌딩.현 서벵갈주의회

1 하우라 철교 2 철교 밑 꽃시장 3 타골 집
(박물관) 4 비비디 벅에서 WRITER'S HOUSE
5 아르메니아 정교회 성당(사진출처 위키페디
아) 6 착한 인디언 7, 8 내부에선 사진 촬영
엄금이다. 외부 사진만 한 장 건졌다. 9 성녀
마더 테레사의 집은 미사 중이었다. 성모상이
여러 개이다. 10 버스요금 100원 정도이니…
정비를 못한다. 11, 12 쉬따나뜨지 자이나교
사원

Kali 사원(힌두)1

죽음을 기다리는 집)

7

8

9

성 마더 데레사 사랑의 선교회

10

안전제일,콜카타

11

12

빅토리아 메모리얼 홀

1 빅토리아 여왕 사망(1901년) 후 기념관으로 지은 홀(현 박물관)이다. 영국 런던의 쌩 폴 대성당과 비슷하다 정원을 잘 가꾸었다 **2** 아시아 최대의 천문대. 인도재벌 BIRLA 기증. 여러 도시에 있다 **3** 거리의 이발사 **4** 콜 카타 먹거리 풍경

순례여정 19일 만에 인도 남부의 대도시인 첸나이에서 아침을 맞이했다. 어젯밤 첸나이 공항에 도착해 올라 택시를 불러 타고 에그모어 숙소에 잘 도착했다. 기내 방송을 들으니 'Chennai'를 '첸내'로 발음한다.

올라 택시는 요금 흥정과 시비가 없으니 좋다. 어제 콜카타 숙소에서 공항까지 389Rs가 나왔으니 지난 주 콜카타 공항에서 에어컨 택시라고 하여 1,050Rs를 낸 건 암만 생각해도 몰라서 당한 바가지다. 올라(Ola), 우버(Uber)는 기본이 에어컨 장착에 새 차이다.

공항에 도착하니 인도 공항이 맞나 싶을 정도로 크고 깨끗하다. 짐을 찾아서 나오는 나를 반기는 "현대자동차" 광고 간판이 반갑고 뿌듯하다.

공항 길은 포장이 잘 되어 있고 빠르다. 소가 태평스럽게 어슬렁거리는 일도 없다. 다만 이면 도로변엔 거지와 노숙자가 참 많아 딱하다. 국가와 주 정부가 해야 할 의무를 방치하고 있는 것이다.

숙소에서도 Samsung TV가 반겼다. TV를 켜 보니 힌디어 방송에 타밀라두어 자막이 뜬다. 나는 여기서 완전 문맹자다. 글자체를 보니 타밀나두어가 더 예술적이다.

콜카타 호텔엔 그래도 화장지가 있었는데, 여긴 아예 없다. 대신 재래식 비데가… 나도 적응 중이다.

오늘은 부활 제2주일이다. 복음 주제인 '사도 성 토마스의 믿음'을 묵상하며 순교지 첸나이에서 씩씩한 하루를 시작하자!

사도 성 토마스 순교성지

오늘은 부활절 다음 주일, 부활 제2주일이다. 이날 성경에 "평화가 너희와 함께"라고 하시는 예수님에게 "옆구리와 손바닥의 못 자국에 손가락을 넣어보아야 믿겠다."고 한 사도 토마스가 인도로 선교를 왔다가, 이곳에서 건축 감독도 하고 왕의 신임을 얻기도 했지만 가난한 이들을 위해 공금에 손 댄 죄로 처형 당해 순교한 땅이 바로 첸나이이다. 이때가 AD 72년이다.

아침에 한국에서 비상용으로 가져온 소고기 스프와 율무차를 섞어 끓여 비스켓과 함께 먹었다.

이제 밖에 나가서 안 먹을란다. 어제 저녁, 샤워하고 쉬다가 저녁 먹으러 호텔 앞 현지인 식당에 갔다. 타밀어를 모르니 눈치로 살아야 한다. 내 영어를 애들은 못 알아듣는다.

내 영어는 자랑도 겸손도 아니지만 미국인과 맞붙으면 좀 버벅이지만 제3국인과의 소통에는 지장이 없다. 근데 호텔 리셉션 여 직원 둘이 쩔쩔 맨다. 이렇게 소통이 안 되니…. 예약하고 증서랄 수 있는 '바우처'를 보여주어도 자기네 컴엔 안 보인다나? "니네 컴퓨터가 고장인 모양이다."라고 핏대를 살짝 내니 어찌할 바를 모른다.

말이 샜다. 식당에 가서 보니 소년이 큰 쟁반에 양파를 넣고 부친 빈대떡 같은 걸 들고 다니기에 그것 두 개 시켰다. 물을 한국식으로 따라주기에 "미네랄 워터냐."고 물으니 아니라고 해서 그냥 미란다 한 병 시켜 먹었다. 종업원이 탁자에 A4 용지만한 야자수 잎을 쟁반처럼 깔고 이 사람 저 사람이 온갖 양념과 소스, 국물을 그대로 듬뿍 부어준다. 옆 사람을 보니 손가락으로 범벅하여 맛있게 뭉쳐먹는다. 이런…

내가 "포크 앤 스푼!" 하고 외치니 숟가락 두 개를 가져왔다. 할 수 없이 비빔국수 섞듯 양념과 소스를 넣고 양손에 스푼을 들고 잘 비벼 섞고 한 숟갈 먹었다. 그 순간… 에취! 하고 사레가 들어 기침을 심하게 열두 번은 한 것 같다.

맵고 향이 독해서 눈물까지 났다. 그렇게 '눈물 젖은 타밀 음식'을 먹는데 순식간에 종업원과 손님으로 보이는 10여 명이 내 식탁을 둘러싸고는 신기한 듯 내려다보거나 인증 샷 같은 걸 막 찍는다. 마치 동물원 원숭이 구경하듯. 아마 짜식들 SNS에 뜰 거다. 외국인이 우리 음식 먹는 모습. 양손에 스푼 들고 먹는 모습. 이것도 한류라면 각오하자.

첸나이 오토릭샤 왈라와 치열한 요금협상

다음날 아침. 지도 한 장 들고 나오니… 눈치 빠른 꾼이 달라붙었다. 날씨는 푹푹 찐다. 녀석이 영어를 좀 한다. 내가 "오늘 오전에 성 토메(사도 성 토마스) 성지 3곳을 순례하겠다. 얼마냐?" 하자 치열한 요금 협상이 벌어졌다. 밑에는 첸나이 오토릭샤 왈라와 치열한 요금 협상을 벌인 과정이다.

왈라: 요금을 손님이 제시해 보시지요?
나: 당신이 오토릭샤 주인인데 당신이 제시해야지.
왈라: 1,500.
나: 나 안 해(그리고 가는 포즈를 취한다).
왈라: (내 앞을 막아서며) 손님, 가격을 말해보라.

란다. 나를 떠 보는 것이다.

나: 첸나이 릭샤꾼 소식 내 알고 있다. 900.

왈라: (좀 놀란 제스처) 1,200.

나: 인디안 프라이스 디지예(힌두어 배운 것을 써먹으니 이 녀석 알아듣고 웃는다. 하지만 좋은 표정은 아니다).

나: 라스트. 1,000.

하고 자리를 뜨니

왈라: 오케이….

이렇게 성 토마스(예수님의 12사도) 성지순례가 시작됐다.

성 토마스(예수님의 12사도) 성지순례

이 무더위에 때로는 험한 버스를 타고 때로는 걸으면서 성지 세 곳을 물어물어 다닌다는 것은 무리다. 그래서 "우리 돈 1만7천 원이면 싸다."고 나서며 도심 센트랄 역 앞으로 달렸다. 마리너 해변이 왼쪽에 펼쳐진다. 뱅골만 세계 최대 해변(Beach)이란다.

거리를 보니 첸나이는 선진 도시이다. 오토릭샤도 모두 새 차이고 왈라들도 거의 카키색 제복을 입었다. 택시용 미터기를 다 달고 있지만 무용지물.

사람들의 피부가 새까맣고 무슬림도 얼굴 가린 채 오토바이를 탄다. 지리에 능숙한 왈라(프레쉬)의 안내로 성지 세 곳 다 돌았다.

사도 성 토마스의 무덤 위에 세워진 성 토마스(현지어 쌩 토메) 대성당(Cathedral)은 마침 주일 미사라 초만원이었다. 많은 이들이 밖에서 참례하고 있었다. 문틈 구멍으로 스마트폰 사진을 찍었다. 이곳은 포르투갈 교회(예수회)가 지었다.

성 토마스가 거주했다는 동굴 입구에 세워진 작은 성당.

이 성당에서 09시에 미사가 있었고 10시에 한인 공동체 미사가 있다. 첸나이에는 현대자동차 공장 등 대기업이 많아서 교민도 약 5천 명 정도다. '고임금 저효율' 공장은 폐쇄하고 '저임금 고효율' 해외 공장을 짓는 게 대세인 듯 하다.

성 토마스가 참수당해 순교한 언덕(도마 언덕)은 그리 높지는 않은 올리브 동산 같은데, 총 134개의 계단이 있는 동산이다. 푹푹 찌는 폭염에 오르자니 몹시 힘들었지만, 예루살렘에 있는 비아 돌로로사(예수님이 십자가를 짊어지고 사형당하러 올라가신 길)를 생각하며 한 발 한 발 올라갔다. 과연 고생하여 온 보람이 있었다.

예수님의 사도 12명 모두 순교했지만, 그분들의 무덤 중 확인된 무덤은 3곳뿐이다.

로마의 사도 성 베드로. 산티아고의 사도 성 야고보. 그리고 인도 첸나이의 성 토마스.

내가 그 세 곳 모두를 순례했다는 것은 영광이다.

첸나이 사도 성 토마스 성지 순례길 꿈

순례를 마치고 곰곰이 생각해 보니 '사도 성 토마스' 성지세 곳은 잘 개발하면 '스페인 산티아고' 못지않은 순례지가 될 수 있을 것 같았다. 성 토마스 대성당(무덤)에서 시작하여 동굴(거주했던 곳)을 거쳐 순교 언덕

(처형지)를 연결하면 약 20km이다. 하루에 걷기 딱 좋은 거리이다. 도보 순례길을 만들면 전 세계에서 엄청난 순례자들이 모여들어 상당한 양의 외화를 벌어들일 텐데…. 인도인들에게 그런 마인드 없는 게 안타깝고 아쉽다.

순례를 마치고 귀로에 왈라에게 슈퍼마켓에 들리자고 했다. 다행히 숙소에서 조금 더 가니 있다. 이번 네팔·인도 여행 중 처음으로 들린 슈퍼마켓이다. 사과, 오이, 바나나, 비스켓, 라면, 음료 등을 듬뿍 샀다. 약 600루피 어치(약 1만 1천 원). 오전에 2시간 이상 오토릭샤 렌트하여 잘 다닌 셈이다.

왈라에게 약속한 요금 1,000루피를 주니 쩡그린다. 슈퍼에도 왔으니 더 달라는 뜻이다. 내가 너 안다. 그래…. 장바구니에서 바나나를 두 개 떼어주니 입이 함박이다. 공손히 합장인사하고 떠나갔다.

호텔로 돌아와 사흘 치 식량을 침대에 펼쳐놓으니 흐뭇한 만족감이 몰려온다.

첸나이의 '사도 성 토마스' 순교성지 3곳(현지 표기)

- 무덤 위 대성당(SAN THOME BASILICA)
- 동굴 거주지 성당(ST. THOMAS SHRINE)
- 순교(처형) 언덕 경당(LITTLE MOUNT CAVE CHURCH)

1, 2 성 토마스는 AD 72년에 순교하셨고 포르투갈 교회가 1523년에 소 성당을 첫 건립했다. **3** 대축일 날 성당입구에 깔아 놓은 축하생화 **4** 사도 성 토마스 상 **5** 첸나이 오토릭샤 왈라 **6** 예수님 손바닥 못 자국에 손가락을 넣어보고야 믿겠다.

제20일
뿌두체리 PUDUCHERRY 여행, 개고생

인도 여정을 짜면서 '성 토마스 성지' 외엔 별 볼 것이 없음에도 첸나이는 4박을 계획했다. 하루를 당일치기로 뿌두체리(약 165㎞, 4시간 소요)에 다녀올 계획이었다. 당일치기 관광 버스가 있다고 잘 알려진 '인도·네팔' 책에 나와 있어서였다. 프랑스 풍의 멋진 곳이라고.

푹푹 찌는 성지순례를 하며 호텔, 여행사, 인터넷, 관광청 등 곳곳에 연결을 시도해도 '그게 아니다. 그런 뿌두체리 여행 상품은 존재하지 않고 개인적으로 승용차로 가야하는데 4,000~5,200루피 든다.'란다. 배낭여행족에게 무리한 비용….

결국 맨 땅에 헤딩하기로 결심했다. 07시. 뚝뚝과 협상하여 140루피를 주고 종합버스터미널(CMTC, New bus terminal)로 갔다. 말 그대로 어마어마, 우라지게 크다. 넓은 대합실엔 사람과 개가 널부러지듯 여기 저기 누워 자고 있다. 피해가며 걷기에도 불편하다. 기가 찬다.

묻고 물으니 기대했던 고급 '볼보 버스'는 하루에 한번 09:30시에 있고 모두 창문과 문이 없는 고물 시외버스란다. 이 더위에…. 하지만 이미 나선 몸. 결국 탔다. 남루한 복장의 영감 차장이 155루피 내란다. 비싸진 않다(올 때는 다른 회사인지 145루피를 받았다).

버스가 첸나이를 빠져나가는데 두 시간 걸렸다. 고속도로에 접어들어도 오토바이들 때문에 경적소리가 계속…. 이쯤 되면 공해다. 말이 고속도로지 마을과 가게들이 그냥 접해있다. 소와 개도 거닐고. 휴게소에 들르니 미니 잔에 들어 있는 짜이가 15루피…. 그렇게 달려 11시 50분에 뿌두체리 버스터미널에 도착했다.

날씨는 덥고 어디로 가야하나…? 내가 불쌍하다고 느꼈다. 책에서 본 것 중 맞는 게 없다. 이리저리 묻고 찾아보니 터미널에 허름한 Tourism office가 있다. 하루 투어에 대해 물으니 직원인지 내 행색을 보더니 안으로 들어오라고 한다. 호… 삼성 에어컨이 있다. 대단한 호의이다.

얘기해 보니 여긴 단체 관광만 하고 개별 투어의 경우에는 3㎞ 떨어진 해변가 관광사무소로 가란다. 뚝뚝타고 가라고. 친절하다. 나오니 왈라들이 둘러 싸고 열렬히 환영한다. 그러면서 사무소까지 200루피 내란다. 이 사람들 외국인에겐 두 배를 부른다.

한동안 협상하여 100루피에 갔더니 사무실(PTDC) 이전…. 다행히 바로 이웃이라 찾아가서 얘기했는데… 실망이다. "인원이 12명이 되어야하는데 오늘 오후는 당신 혼자다. 뚝뚝을 소개해줄 테니 가 보라."한다. 참 어렵다.

뙤약볕에 뱅갈만 바다를 보고 걷노라니 간디 동상도 있고 정부 광장도 있다. 뿌두체리 시내는 볼 게 없고 해변가 산책이 전부다. 고작해야 약 13㎞ 정도 떨어진 농업공동체 오로빌(Auroville)을 보러가는 게 차를 타는 이유이다. 잘못 왔구나 싶은 생각이 들었다.

사무소 직원이 찾아가라고 한 사람은 그냥 뚝뚝 왈라였다. 지인이거나 친척이겠지. 800루피에 계약하고 점심은 주스와 빵으로 때우며 30분 정도를 가니 우리나라가 예전에 했던 '새마을 농장 견학'이다. 고작 이걸 보려고 왕복 10시간을 고생하나 싶었다.

명물이라는 '마뜨리만디르(Matrimandir)'도 300미터 떨어진 낮은 언덕에서 볼 수만 있었다. 내부 구경은 커녕 접근도 불허… 이게 뭔가? 직원에게 "만디르는 뜻 그대로 템플이냐."니까 그게 아니고 "요가를 연구, 강습하는 곳"이란다. 거창하게 우주의 형상을 뜨고 124개국 흙을 모아오는 등 매스컴에 과잉 홍보된 측면이 크다. 안에 화장품 의류 등 상가가 있어서 입장료는 무료이고 주차료만 20루피이다.

다라나기 소년과 대담

뚝뚝을 타고 가는데 중간에서 왈라가 조카인지 10세 정도 아이를 조수석에 태웠다. 내게 묻지도 않고. 나중에 생각하니 동정심을 바라고 의도적으로 태운 것 같다. 오도빌 구경 1시간 하고 오다가 갈증이 나서 가게에 들러 생수 두 병 사서 한 병 주니 이 녀석 하는 말이 "세 사람인데 왜 두 병만 사요?" 한다. 둘이서 같이 마시라고 나름 호의를 베푼 건데….

한참을 달리다가 그가 더러운 맨발이라서 물었다. 내 실수다. "너 왜 신발을 안 신니?" 하니 기다렸다는 듯이 "돈이 없어요." 한다. 내가 또 실수했다. 실수는 실수를 낳는다. "부모는?" 하니 "엄마는 없고 아빠는 장애인이라 내가 스티커 장사로 입에 풀칠해요"란다. 맘이 아프다.

다라나기 아이는 오늘 봉 잡았다고 생각했는지 맨발을 들어올리며 "머니… 머니…" 한다. 아예 내 턱 앞에 얼굴 들이대고 조른다. 앵벌이든 연기든 도울 수는 있지만, 이건 아니다.

바라나시에서 내가 가죽 샌달을 300루피에 사 신었는데 싼 거면 200루피 이하로도 살 수 있을 거다.

그러나 나는 진지하게 거절했다.

"다라나기야, 넌 건강하고 잘 생긴 아이야(Handsome boy). 남에게 구걸하지 말고 노력해야 한다."고.

공자 같은 소리가 아니다. 그 옛날 나도 이 아이와 비슷한 나이에는 몹시 가난했다. 운동화가 찢어져서 철사로 꿰매 신고 다녔던 일이 생각나서였다.

'가난하다고 해서 거지는 아니다'라는 것이 내 철학이다.

암튼 별 소득은 없고 피곤한 몸으로 첸나이로 돌아왔다. 밤이라 차는 덜 막혔다. 터미널에서 또 한 차례 오토릭샤 왈라들과 협상하여 300루피 달라는 것을 180루피 주고 왔다. 왈라가 계속 휴대폰 통화하며 운전해서 불안했다. 내가 "위험하고 불안하니 하지 말라"고 했다.

내릴 때 왈라가 200루피 달라고 한다. 트래픽 걸렸다고. 내가 말했다.

"당신이 운전 중 계속 통화해서 팁 못 주겠다."

그리고 딱 180루피만 주었다. 뿌두체리 당일치기 여정은 경비를 대폭 (4,000루피에서 1,500루피로) 줄였지만 매우 피곤한 하루였다.

폭염에 찬 것 많이 마셨더니 드디어 설사(Diarrhea, 다이어리어)가 났다.

1 PUDUCHERRY는 PONDICHERRY 였다. 2 오로빌 마뜨리 만디르 3 버스 터미널 4 인도 어디에나 있는 간디 동상 5 PTDC 6 벵갈만 해변. 혜초 스님이 룸비니 가려고 이 바다를 통과했을 것이다.

제21일
몸 컨디션 조절을 위해 하루 휴식

어제 뿌두체리 갔다 온다고 탈진해서인지 설사와 감기 기운이 있어 정노환을 먹고 쉬었더니 좀 나았다. 물갈이나 식중독에 의한 배탈은 아니고, 열사병 초기에 찬 음료를 많이 마시고 호텔에서 에어컨 틀고 자서 생긴 탈수 현상 탓이라고 자가진단 했다. Electral을 사서 생수에 타 마셨다.

오늘은 세 번 가까운 곳으로 외출하고 호텔로 돌아와서 샤워하고 세탁. 이제 손빨래가 취미가 되고 숙련공이 되어간다. 집에서 안 한 대가를 치르는 셈이다.

첸나이 센트럴 역에 외국인전용 예매하라 갔다가 땀만 흘리고 허탕쳤다. 외국환 환전증 만들려고 ATM에서 1만 루피를 뽑았는데 명세서가 안 나온다. 델리로 올라가서 해결해야 할 모양이다.

1 첸나이 센트럴 역 **2** 역 광장 힌디 사당

성 조지 포트(박물관)와 정부 박물관

첸나이 시내 St. 죠지 포트(기지)에 가니 아직도 군인들이 지키고 있다. 영내가 커서 가게도 있고 주민도 사는데 출입 신청 명부에 적고 경비 군인과 면접까지 한다.

"술이나 담배, 흉기 있습니까?"라는 질문에

"없습니다." 하니 통과.

박물관은 200루피를 받는다. 이 건물은 필시 '사령관 공관'이다. 연회도 하고 춤도 추고… 2층에선 군악대가 실내악 연주도 했을 것이다. 물론 200년 전 일이다.

시내 정부(Egmore) 박물관에도 갔다. 엄청 큰 인도 4대 박물관이다. 단일 박물관이 아니고 종합대 캠퍼스처럼 여러 전시관이 흩어져 있다. 근데 크면 뭐하나? 반 이상을 공사한다고 막아 놨다. 입장료도 인도인은 15루피인데 외국인은 250루피이다.

이제 나도 생각을 바꿨다. 더운데 화내지 말자. 그래. 우리는 너희 보다 17배 잘 살고 훌륭하다고.

사실 6·25 때만 해도 인도는 우리보다 잘 살았다. 정치적으로 중립국이라서 군대는 못 보내고 의료 지원을 한 우방국이기도 하다.

두 박물관 모두 유물은 많은데 전시(Display) 및 보존 기술이나 노하우가 너무 없다. "서울중앙박물관에 가서 보고 오라."고 하고 싶다. 세계 10대 박물관이다. 아시아 1위이기도 하고.

소고기와 술

호텔 레스트랑의 젊은 매니저가 사근사근하고 예의가 밝다. 첫날 타밀라두 음식에 혼이 난 후 방에서 혼식하게 되었다. 근데 이 친구(나중에 알고 보니 네팔리이고 피부가 흰 편이며 영어가 능숙하다. 이름은 수할리) 식사 때만 되면 안부 전화를 한다. "식사하셨습니까. 룸 서비스 해드릴까요?" 물론 상술이지만 밉지 않았다. 이런 식으로 자식이나 며느리가 잘 하면 누구나 귀염 받을 것이다.

식당 앞을 오가며 보니 늘 손님이 없다. 룸 서비스가 주 업무이다. 나는 보답 차원에서 떠나기 전날 레스트랑에 가서 저녁식사를 했다. "뭘 추천하느냐." 물으니 중국식 Mixture fried rice를 추천하기에 주문해 먹었다. 달달한 케첩을 넣어 먹으니 먹을 만하다.

소고기가 몇 점 들어 있기에 물어보니 "타밀라두 지역에서는 무슬림들이 살기에 소고기를 허용한다."고 한다. 그러나 이슬람이나 힌두교는 술을 못 마시게 법으로 금지하고 있다고 한다. 그리고 보니 고속도로 경고판에 "타 주에서 주류 반입 금지"가 있었다. 타밀라두어는 힌두어와 완전히 다르다고 한다. 오늘도 공부 많이 했다.

성 조지 포트 & 시내 거리

조지 6세는 제2차 세계대전 중 당시 영국 왕이며 인도 황제를 겸했다. 현 엘리자벳 여왕의 아버지이기도 하다. 첸나이에는 힌두교 신자가 많지만 가톨릭교회 성 토마스 성지 외에도 영국 성공회와 이슬람교 신자도 많다. 그래서 소고기를 금하지 않는데 술(맥주)은 소유하거나 유통하는 게 금지되어 있다.

호텔에 얘기하면 어딘가에 택시를 타고 가서 사온다. 마치 미국의 금주법(1920~1933년간 술의 제조, 유통, 판매를 금지했던 시대 착오적 악법) 시대를 보는 것 같다.

정부 박물관

1 박물관 인도 국보급 시바 신상
2 첸나이 공항 홀에 복제품 전시

성 조지 포트

3 사령관 공관 댄스파티에서
악단이 연주하던 모습(그림)

첸나이에서 뜻밖의 감동적인 성지순례와 뿌두체리에서의 아쉬움을 안고 첸나이 공항에 왔다. 'Ola cabs' 택시를 불러 첸나이 공항에 쾌적하게 도착했다. 398루피…. 시간별로 요금이 다른가 보다. 우버보다 항상 싼데 이유를 모르겠다.

공항에 도착하여 카트를 찾으니 없고 고장 난 게 하나 있어서 앞바퀴 들고 뒷바퀴로 밀고 다녔다. 우리나라에선 상상 못할 일…. 아무렴 어떤가. 수도 델리에 가니 정신 더 차려야지.

공항철(지하철)도 타고 'RK Ashram'에 가면 된다. '빠하르간즈'도 가보고 한식도 먹고 '아그라'에도 가보고….

기대가 크다. 곧 출발!

첸나이 공항을 이륙하여 3시간 만에 정시 도착했다. 인도가 크긴 크다.

오후 2시. 첸나이보다는 덜 덥다. 카페에서 경험담을 보면 델리에 오면 엄청 긴장하고 쫄게 된다는데 낮 시간이라 그런지 사기꾼도 안 달라붙고 몇 번 묻고 확인하니 다 친절하다. 별다른 애로사항이 없다.

공항 지하철을 60루피에 탑승해 30분 만에 뉴델리역에 도착했다. 지하철 4호선(청색라인)을 타려면 몇 번 더 물어야했다. 일단 공항철도역을 완전히 나와서 앞에 보이는 일반 지하철 역으로 다시 들어가야 한다. 환승이 안 되서 표를 다시 사는데 노랑선 '라지브 초우크 역'으로 한 정거장 가서 또 환승. 그 다음 한 정거장 더 가야 있는 'RK 아쉬람(RK Ashram) 역'에 가는데, 불과 두 정거장인데 20루피이다. 게다가 토큰은 모양이 같아서 구별이 안 된다. 여러 천사들 도움이 컸다.

'RK 아쉬람' 역에서 호텔은 300미터 정도로, 가까운 빠하르간즈 입구에 있다. 싸이클 릭샤가 하도 권해서 40루피에 타 주었다.

호텔에 투숙 후 샤워하고 나니 5시. 아는 이도 없고 슬슬 빠간 거리를 구경해보니 바라나시의 고돌리아 동생쯤 된다. 다만 먼지가 덜 날린다. 한식을 먹어본지 오래고 맥주를 마셔본지 벌써 2주일이다.

골목에 있는 나브랑 호텔에서 물어물어 루푸 Top '쉼터'에 찾아가니 아직 손님이 없다. 제육볶음에 맥주가 있다. 게다가 가격도 착하다. 뭘 더 바라랴?

델리 입성 첫날, 지리도 익힐 겸 빠간 거리를 거쳐 코낫 플레이스 근처 정부 관광청 투어리스트 사무소를 찾아갔다. 경찰관을 포함하여 총 네 명에게 '가버먼트 투어리즘 오피스(Government tourism office)'를 강조하며 찾아갔는데… 나중에 알고 보니 개인 여행사였다. 분명히 구글 맵도 그 근처고 좀 허접한 사무실인데 뿌두첼리 관광사무소도 그러했기에 반신반의하며 직원에게 반복해서 물었다.

"여기가 델리 시 정부 사무실이냐, 인도 정부 사무실이냐." 물으니 "거버먼트 오피스."라고 한다. 그래서 맘을 놓고 대화했다.

내 원래 일정은 11일 델리에 도착해 5박을 하면서 하루는 아그라, 또 하루는 1일 시내 단체 관광, 나머지는 더위를 감안하여 느긋하게 힐링한다는 계획이었는데 상담 직원은 "델리에 5일 머물 이유가 없다. 특히 델리에 호텔을 둔 채 아그라에 갔다 오는 것은 낭비니 차라리 아그라에 갔다가 바로 푸쉬카르로 빠지고 원 계획대로 자이푸르로 가면 좋다. 푸쉬카르는 꼭 봐야할 절경이고 아그라와 푸쉬카르에서 호텔 1박씩 하라. 델리에서의 5박은 3박으로 줄이는 것이 좋다. 전 일정을 전용 승용차(렌트카)로 델리에서 2일, 아그라에서 1박, 푸쉬카르에서 1박…" 이렇게 해서 견적을 뽑아준다. 호텔 예약도 하고 바우처까지 준다. 비용에 포함된 것이다. 그러면 더운데 열차나 버스 탄다고 고생할 필요가 없다.

여기서 어이없는 내 실수가 있었다. 직원이 워낙 진지해보이고 내 입장에서 여정을 짜주니 당장 내일부터 델리 관광을 진행하자기에 덜렁 합의했다. 나와서 우리 카페에 사무소 사진을 올리니 고수급 회원들의 코멘트가 달렸다. 그 사무소는 정부 오피스가 아니고 여행사이며 전형적인 사기 내지는 비싼 값이랄 것이란 애정 어린 조언이었다.

아차… 내가 당했나?

걱정되어 아침에 나를 픽업하러 나온 차를 타고 그 사무실로 갔다. 애써 냉정함을 유지하며 조용히 다시 물었다.

"여기가 정부 관광청 사무소 정말 맞나?"라고 하니 "그런 말은 한 적 없다. 정부 허가(라이센스) 받았다고 했다." 로 말이 바뀌었다.

오…. 이 친구가 거짓말을 한다. 그러나 내가 나름 계산해 보니 델리에서 2일, 아그라에서 1박 2일, 푸쉬카르에서 1박과 자이푸르에서 2일 간 관광을 하고, 아그라와 푸스카르에서 묵을 호텔비와 다음 나의 행선지인 우다이푸르에서 공항 픽업까지 8일간 지원해 준다. 특히 서울에서 해결 못하고 온 뭄바이-고아, 고아-함피, 함피-벵갈로르 기차표와 버스표를 수수료 없이 처리해주고 뭄바이-고아 구간은 기차표 매진이라 비슷한 가격이라며 항공편을 권해서 구하기까지 했다.

어차피 사설 업체이니 바가지 안 쓰고 계약대로 이행하면 큰 손해는 아니라고 판단했다. 이틀간 렌트카가 나왔고, 렌트카의 기사와 친해져서 대화를 해보니 렌트카를 개인이 빌리면 하루에 4천 루피라고 한다(여행사는 보유한 차가 없고 렌트카 회사와 연결해주는 대신 중계료를 따먹는 구조이다).

3천 루피로 아그라와 푸쉬카르의 호텔 비는 물론 우다이푸르 공항 픽업까지 7일 간 렌트카를 쓸 수 있다고 계산해보면 그리 바가지는 아니다.

정부 사무소라고 믿고 속은 게 속상하지만 어쩌랴?

렌트카 기사는 이 업계 사정에 해박한데 델리 시내에서 'Tourist information & reservation' 간판을 단 업체는 100% 가짜(Fake)라고 한다. 정부 허가, 인가도 다 거짓말이며 정부관광청(Delhi)은 단 한 곳이라고 한다. 그러나 공생 관계이니 말을 조심한다.

그렇게 이틀간 전속 기사를 데리고 내가 책에서 발췌한 명소(역사유적, 박물관, 종교사원 등)를 다 돌았다. 다녀보니 지하철과 버스로 다니려면 더운데 엄청 고생하겠다 싶었다.

사실 뿌두체리 혼자 갔다가 더위 먹고 찬 물을 많이 마셔서 설사도 나고 지친 상태였다. 설사 약 먹고 엘렉트라를 탄 물을 마시고 있지만 심하진 않다.

내일은 아그라로 간다. 갑자기 고급 여행 모드가 되어버렸다. 이틀 겪어보니 계약은 잘 이행하고 있다.

콜카타에서 400루피 주고 심카드 넣은 건 아주 잘했고 또 잘 쓰고 있다. 유적지에서 나온 뒤 기사를 부를 때도 요긴하다.

델리는 볼 게 많다

델리와 뉴델리. 나부터 한동안 헷갈렸다. 원래 델리가 오래 전부터 있었다. 영국 식민 회사 동인도회사가 '세포이의 난(1857~1859)' 이후 수도를 당시 칼카타에서 델리로 옮겼다. 이때 새 도시를 건설하면서 델리는 구 델리(Old Delhi)가 되었는데, 서울로 치면 종로구 정도 부분이 구 델리이고 서울시 전체는 뉴델리이다.

국립박물관—지방 박물관보다 탁월한 관리 중

5천 년의 역사를 약 20만 점의 유물로 소장하고 있는 박물관으로 독립을 기념해 1960년 완공 했다. 국립박물관 외에도 델리에는 '국립 간디박물관'이 따로 있다. 하지만 그곳엔 사진 몇 장 밖에 없다. 진짜를 보려면 '간디의 집(Gandhi Smriti, 간디 슴리띠)'로 가야 한다. 택시도 혼동하는 기사가 많다. 간디도 '공과'가 다 있지만 인도인들은 좋은 점만 기리고 영웅으로 모신다.

레드 포트(RED FORT)

레드 포트는 붉은 벽돌색 때문에 붙여진 이름이다. 무굴제국이 수도를 아그라에서 옮기면서 완공(1648년)한 왕궁 겸 성채였고, 세포이(인도 귀족층 출신의 영국군 용병인데 총 정비용으로 그들이 신성시하는 소기름을 보급하자 모욕감을 느껴 반란을 일으킴) 반란(1857~1859) 때 세포이들이 여기서 항전하다가 영국군에게 패배하여 파괴되기도 했다. 1948년에 독립하면서 네루 수상이 독립 선언을 한 역사의 현장.

이 성채는 주위에 10m짜리 해자(인공 호수)를 파고 코끼리나 말이 빠른 속도로 진입을 못하도록 통로를 좁고 구불구불하게 만들었다. 이슬람 건축의 특징이기도 하다(113쪽 하단 사진 참조).

델리의 여러 종교 건축물

인도에서 불교는 쇠퇴하여 인구의 0.8%(약 1천 만 명) 정도만 믿고 있지만 델리 사찰은 예술적으로 훌륭한 건축이다.

이슬람 모스크도 많고 자이나교와 시크교도 건재하다.

종교별로 건축 양식 차이가 뚜렷하다(114쪽 상단 사진 참조).

인디아 게이트(INDIA GATE)

제1차 세계대전 때 영국연방의 일원으로 참전(약 100만 명)하여 전사한 군인 85,000명을 추모하기 위해 지은 위령탑이다. 참전 조건으로 인도 자치권을 언약했지만 지켜지진 않았다.

1 정부 기관(관광청) 사칭하는 개인 여행사들. 외국인들은 속기 십상이다. **2** 인디아 게이트

인도의 국부 마하트마 간디시신 화장한 인도의 성지(추모공원)

굽뜹 미나르(QUTAB MINAR) 유적지 : 델리 최고 유적

12~15세기에 술탄 왕조가 건설한 찬란한 유적이다. 지진 피해로 몇 차례 증, 보축된 이슬람 종교 문화 유적이다.

3 RAJ GHAT **4** 미완성 이슬람 미나르(탑) **5** 간디 동상

높이 72.5M 쇠기둥 승전탑

1,500년 전, 이슬람 모스크 뜰에 세운 철 기둥인데 순도 99.99%로 녹이 슬지 않는다. 현대 과학 기술로도 못 만드는 신비의 기술. 한동안 저 기둥을 두 팔로 안으면 아들을 낳는다는 속설이 있어서 여인들로 인산인해하였다고 한다. 그래서 안전상 울타리를 쳐 놓았다고.

가톨릭교회-인도 천주교회 델리 대성당

델리지역에 사는 약 2,600 만 명 중 가톨릭신자는 0.4%에 불과한 11만 2천 명 선이다. 그러나 본당 수는 260개나 된다.

시크(SIKH) 사원

시크 교도는 독특한 교리(힌두교+불교)와 복장(터번과 칼)으로 유명하다. 신자 수는 약 2천만 명으로 막강한 재력과 자부심이 강한 종교이다.

빠하르간즈 PHARGANJ(빠간) 여행자 거리 풍경

후마윤 무덤(HUMAYUN'S TOMB) 무국제국 걸작품

무굴제국 2대 황제 '후마윤'이 페르시아 출신 왕비의 영향을 받아 페르시아 양식이 가미된 새로운 건축양식으로 지은 무덤으로 16세기에 건축했다. 이 양식은 훗날 아그라에 있는'타지 마할'을 건축할 때 많은 영향을 끼쳤다. 탁 트이고 잘 정돈된 정원도 볼 만하다.

후마윤 왕 무덤

국립박물관–지방 박물관보다 탁월한 관리 중

5천 년의 역사를 약 20만 점의 유물로 소장하고 있는 박물관으로 독립을 기념해 1960년 완공 했다. 국립박물관 외에도 델리에는 '국립 간디박물관'이 따로 있다. 하지만 그곳엔 사진 몇 장 밖에 없다. 진짜를 보려면 '간디의 집(GANDHI SMRITI, 간디 슈리띠)'로 가야 한다. 택시도 혼동하는 기사가 많다. 간디도 '공과'가 다 있지만 인도인들은 좋은 점만 기리고 영웅으로 모신다.

▲ 해군 역사 전시실이 따로 있다.　　　▲ 풍요로운 시바 여신 상

바올리(BAOLI) 저수지 겸 우물

▲ 인도는 건기와 우기가 뚜렷하여 늘 물이 부족하기에 곳곳에 저수지 겸 우물을 만들어 놓았다. 이를 '바올리'라고 한다. 지금은… 말라버린 시궁창에 불과하다. 비가 오면 아이들이 수영한다.

잔타르 만타르(천문대, 1725년, 자이 싱2세 왕 건설)

▼ 천체 관측과 해시계를 만들어 활용했다.

레드 포트(RED FORT)

붉은 성(해자)3

붉은 성 라호르 정문

▲ 요새 방어용 해자(인공 호수). 현재는 물이 빠지고 잡초가 무성하다.

디감바 자인교 사원

인도 여행자들의 최대 관심사는 '타지 마할'이다. 이것을 안보면 인도에 간 것이 아니라고 할 정도이다. 무굴제국의 구 수도로 1654년, 22년간의 공사로 지어졌다. '샤 자한'이 자신의 왕비가 39세에 아기 낳다가 죽은 것에 충격을 받고 세상에서 가장 아름다운 대리석 무덤을 만든 것이다.

아이러니하게도 이 공사로 국력이 쇠퇴하여 아들(아우랑제브)에게 정권을 빼앗기고 만년을 아그라 포트에서 쓸쓸히 죽어갔다. 아들 역시 곧 패망의 길을 걸었다.

아그라 타지 마할 관람 후기

4월 14일 토요일 맑음.

엊그제 '인디아 투어'라는 여행사에 가서 기사 딸린 승용차 와 호텔 숙박을 포함하는 패키지 계약을 했다. 뿌두체리에 갔다 와서 감기 몸살에 설사까지 하니 폭염에 혼자 일일이 찾아다닐 자신이 없어서였다.

원래 델리 시 일일 투어와 아그라 당일 투어(관광사무소 주관)를 하기 위해 갔으나 잘못 찾아간 여행사였는데, 내게 딱 맞는 맞춤 여행을 해 준다고 홍보하는 바람에 믿고 계약하고 말았다. 다시 확인해보니 7일짜리 계약으로는 좀 비싼 듯했지만 좀 편하게 쉬면서 순례하자는 마음이 들었다.

영어가 되는 기사와 둘이 시원한 에어컨이 나오는 승용차를 타고 돌아다니는 황제 여행이란 호사를 누리게 되었다. 열차나 버스 탄다고 출발시간 전에 도착해서 타고 내리고 하거나, 릭샤 왈라와 전쟁 안 하니… 좋기는 하다.

델리 숙소를 떠나 3시간 30분 하이웨이 달려 아그라 타지 마할에 도착해보니… 어찌 이런 일이? 오늘이 타즈 마할의 건축 주인공 '샤 자한' 왕이 죽은 기념일(1666년, 74세로 사망)한 날이란다. 그래서 오후 두 시부터 입장료(1,000루피)가 무료라고. 그야말로 짜잔~ 하며 시계를 보니 1시 30분이다.

아무리 더워도(한낮 온도 40도) 30분 기다리는 것쯤이야 하고(1천 루피이면 여행자에겐 큰 돈이다. 인도에서 생활 필수품인 생수가 1리터에 20루피이니 50병 값이다). 그늘에서 기다리는데 내가 외국인임을 알아챈 가이드가 접근했다. 50대로 보이는 사내였다.

나는 가이드를 안 쓰는 사람이다. 자격증을 보여주는데 외국인 750루피에 인도인 550루피로 공정가격이다. 내가 한사코 안 쓴다고 슬슬 피하니 이 양반이 따라다니면서 사정사정한다. 오늘 개시를 못했는데… 하면서 값을 스스로 내린다.

500루피… 400루피… 300루피….

그래도 내가 꿈쩍 안 하고 하늘만 쳐다보니 이 양반 왈, "보다시피 이제부터 무료라 인파가 이리 많지 않소? 보시오. 들어가도 곳곳에 줄을 서면 3시간도 더 걸립니다. 내가 안내하면 빨리 들어가고 빨리 볼 수 있어요."란다.

엥? 귀가 솔깃해진다. 이 폭염에 급행(Express) 방법이라 채용하기로 했다. 여기는 인도지….

과연 이 '므르쟈'라는 장년 남자는 나를 이끌고 새치기를 해서 나를 입장 대기 맨 앞줄에 세웠다. 지키는 군인들과 안면이 있는지 그들도 눈을 감아준다.

이후 실로 "VIP 납시오!" 하듯 인파를 헤치며 전진, 전진하여 중앙 묘 (왕비 가묘. 진묘는 지하에)를 보고 사진도 찍어주는데 프로급이다. 1시간 만에 볼 것 다 보고 다 돌았다. 인근에 있는 '아그라 성'은 무료가 아니고 워낙 더워서 밖에서만 봤다.

타지 마할. 과연 서울에서 이 더위에 와서 본 보람이 있다('Taj Mahal'은 한글로는 '타지 마할'이라 표기하는데 현지인에게 물어보니 '타지 마핼'로 발음한다. 엄밀히 보면 '타즈 마할'이라야 한다. 'Taj'는 왕관, 'Mahal'은 왕 또는 여왕 같은 존귀한 신분을 나타내므로 '타지 마할'은 '왕의 왕관'이라는 뜻이 된다).

바가지 천국 아그라

인도·네팔 여행 전에 그들의 식문화에 적응해 본다고 '네팔·인도 레스토랑'에 몇 번 갔었다. 서울 지하철 동대문 역 3번출구로 나가면 의외로 많다.

한정식에 해당하는 인도 음식 정식(탈리)을 시키면 탄두리 치킨, 난, 베지터블, 주스에 짜이까지 나온다. 내 친구들도 먹을 만하다고 했다. 나야 '인도에 가면 많이 먹겠지.'했다.

하지만 오판이었다. 비상식량으로 가져온 고추장, 특전식량, 누룽지가 다 떨어졌다. 인도 라면을 사다가 한국에서 가져간 오뚜기 표 소고기 스프를 넣어 먹는다. 우리 가족과 친구들은 내가 지금 쯤 맨날 탄투리 치킨에 맥주를 시켜 잘 먹고 다니는 줄 알 거다.

아그라 식당에 가서 메뉴를 보니 '외국인 전용 메뉴판'인지 탄두리 치킨이 두 쪽에 500루피고 '치즈 난'이 두 쪽에 160루피다. 게다가 각각 따로 시켜야 한다니…. 심지어 "계산서에 팁은 포함 안 되어 있다."고 기분 나쁘게 귓속말로 소곤댄다. 한국처럼 여러 가지 음식이 같이 나오는 메뉴는 없나보다.

'짜이'도 가격 차이가 너무 크다. 엄청 비싼 값이다. 외국인은 봉이다. 바라나시에서 10루피였고, 가트에선 5루피에도 사 마셔봤다. 그런데 델리에 오니 짜이 한 잔이 20루피고, 도로 휴게소에선 30~50루피 한다. 차라리 생수에 엘렉트랄(18루피) 타 마시는 게 이온 음료도 되고 달달하니 맛있다. 더 이상 봉 노릇 하기 싫었다.

아그라 일대 주민은 '타지 마할' 덕에 사는 것 같은데 온통 외국인 속여 먹기 난장판 같다. 지난 달 네팔 카투만두에서는 점심으로 중식 초우면을 800원에 사 먹었다. 그런데 아그라에선 비슷한 품질에 무려 9천 원…. 더구나 아그라 시내에서 '타지 마할'로 들어가려면 좁은 시장길을 통과해야 하기에 일반 차량은 통행을 못하고 릭샤(오토바이 택시)만 가능하다.

나는 내 운전기사가 지정해 준 릭샤를 타고 왕복 50루피에 약정했다. 관람 후 나오니 오토릭샤 왈라들도 분명히 내가 예약한 '바바' 영감을 똑똑히 봐두고 나와서 찾는데 서로 자기가 '바바'라고, 자기 릭샤에 타라고 이끈다. 영어로 말하면… 소나비치(망할 자식)들이다.

아무러나 이런 악조건 속에서도 세계 10대 버킷리스트(꼭 보아야 할 유적 목록)에 들어있는 인도의 '타지 마할' 관람은 고생한 보람이 있다. 과연 유엔이 정한 '유네스코 문화 유적'이다.

이란 건축가 '우스타드 이사'가 지은 화려한 무덤

1,3 왕비(뭄따지마할)의 진짜 관은 가묘 지하 깊숙이 보존되어 있어 공개를 안 한다. 타지 마할은 현대 건축 개념으로 보아도 신비스럽다. **2** 타지 마할을 들었다 놨다 한 사나이 **4** 대리석의 이슬라믹 기하학적 무늬도 예사롭지 않다. **5** 아그라 왕궁 겸 군사 요새. 높이 무려 20m. 타지 마할을 지은 '샤 자한' 황제가 아들에게 배신당하고 이 성에서 2㎞ 거리에 있는 타지 마할을 보면서 죽어 갔다.

아그라에서 자이푸르로 이동

여행사에서 잡아준 아그라 호텔(Taj Galaxy)은 이름만 거창하지 단체 손님 위주의 작은 호텔이었다. 여행자가 간신히 씻고 잘 정도로 최소한의 구색만 갖춘 여관급 호텔이다. 그래도 아침 식사 제공이니 다행이다.

식사 후 기사와 자이푸르로 향했다. 원래 여행사에서는 오늘의 여행지를 '푸쉬카'로 정한 뒤 1박 하게 짰는데, 내가 간밤에 연구해 보니 인공 호수와 브라만 사원을 빼면 볼 게 없다. 그래서 기사에게 물어보니 기다렸다는 듯이 "거기 가는 건 시간 낭비입니다." 한다. 자기는 명령대로 하지만 차라리 "자이푸르로 가서 하루 더 있는 게 낫다."고 하기에 그리 하기로 했다. 기사 입장에서도 운전 덜 하고 좋은 모양이다.

아그라에서 자이푸르까지는 지도 상으로 약 300㎞지만 고속도로라도 오토바이, 경운기 등 다 다니는 길이라서 거의 6시간이 걸렸다. 휴게소에 들르니 여기도 바가지 수준이다. 비스킷 하나에 200루피, 짜이 한 잔에 72루피…. 모두 이런 수준이다.

자이푸르에는 여행사 단골 호텔이 있고 운전기사들도 여기서 따로 숙식한다. 'Karnot Mahal'라는 이 호텔은 옛날에 이슬람 국가였던 시절엔 고관의 집이었다고 한다.

정원이 있고 방은 모두 따로 떨어져 있다. 행여 도둑이나 적군이 침입

고속도로 풍경

해도 방어하기 쉽게 방마다 좁은 골목길을 거쳐야 접근할 수 있고 창문은 딱 우편엽서 크기이다. 여름의 보온 목적도 있겠지만 비상시국을 늘 염두에 두고 지은 저택이다. 그래도 에어컨 있으니 쉴 수 있어서 좋다.

자이푸르는 '핑크 씨티'라고 할 만큼 시내 건물이 거의 핑크색이다. 폭염을 피해해 질 즈음 6시경 먹거리를 사러 나갔다. 그런데 먹을 게… 없다.

자이푸르 JAIPUR – 라자스탄 주 수도, 옛 도시

자이푸르에 도착하여 9번 가트 게이트를 지나 호텔에 투숙해 보니…
무슨 Mahal 숙소였는지 완전 이슬람식이다. 큰 배낭 내려놓고 시내를 한
시간이나 돌아다녔지만 변변한 식당이 안 보인다. 시장통이라 그런가…?
결국 바나나 두 개, 망고 주스, 탄두리 한 쪽(80루피)을 사다가 혼밥했다.

그나저나 탄두리는 왜 그리 태우고 간은 또 짠지…. 속살만 조금 떼어
먹고 말았다. 이제 인도음식 먹으려면 서울 동대문 역으로 가야겠다.

라자스탄 수도 자이푸르에서는 이렇다 할 종교 시설을 답사하지 않았
으므로 순례가 아닌 유람이 되었다. 얼핏 보니 이슬람 사원도 많고 검정
상복 같은 차도르를 뒤집어쓰고 두 눈만 빼꼼 내놓고 다니는 무슬림도
많다. 낮 온도가 40도 안팎인데 그냥 가서 확 벗겨 주고 싶은 충동을 느
꼈다. 남편 이외엔 여성의 아름다운 맨 살을 외부에 안 드러낸다는 교리
때문인데 어쩌다 드러난 발을 보면 흉측하다고 할 정도라서 안쓰럽다.

저렇게 안 가꾸고(Foot care) 차도르로 가린다고…? 하긴, 그래서 가리는
지도. 시대의 흐름에 따라 완화되면 좋겠다.

도시는 그래도 계획도시라 짜임새가 있는데 중심지인 'City Palace' 로
터리는 지하철 공사를 한다고 북새통이다. 2020년 완공 예정이라는데…

글쎄요? 2030년은 되어야겠지요? 여기는 인도니까.

워낙 더워서 오전에 두세 시간 정도 투어하면 끝이다. 지치고 퍼져 있다가 저녁 6시경에 나가보면 장 보러 나온 사람들로 복잡하다.

렌탈 기사가 그런 내게 많은 걸 권했다. 코끼리 타기, 대리석 공예점, 보석점, 공예점, 마사지(여자가 한다고 함. 2천 루피)까지…. 다 취미 없다고 하니 사기가 떨어져 있는 것 같아 기사의 체면 세워주려고 직물 공장에 가서 식탁보(나의 유일한 수집 취미)를 하나 샀다. 1,500루피라기에 끈질긴 협상 끝에 700루피에 낙찰! 인도 상인도 속으로 놀랐을 것이다.

자이푸르의 3대 명소랄 수 있는 시티 팰리스(City Palace), 잔타르 만타르(Jantar Mantar), 그리고 하와 마할(Hawa Mahal)은 사진만 찍고 암베르 포트(Amber Fort, 카츠왕 왕조의 7백년 수도)에 다녀왔다. 자이푸르 이전의 수도였다는데, 성 방어에 엄청 중점을 두고 지었다. 돌산에 어찌 그리 견고히 지었을까? 그리고 코끼리와 소, 말, 사람이 얼마나 많이 죽고 다쳤을까? 권력자들은 외부의 침략보다 자식이나 형제간 싸움으로 망하던데… 암튼 눈물이 날라한다.

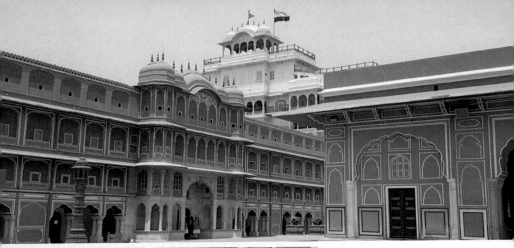

세계최대 은 항아리, JPR

인도 명품코끼리,City Palace

1 8천ℓ 들어가는 은 항아리
2 명품 코끼리 상

3 왕비 드레싱 룸 거울 방에서 **4** 자이푸르 중앙박물관. 힌두 신상. 인체 구조 비율이 안 맞는다. **5** 호수 궁전 **6** 코끼리 보행 모습(옛 전투 코끼리)

제29일
폭염 지속! 시원한 소나기가 그립다

비라도 와서 도시 청소 좀 해주면 좋으련만 여름 가뭄이라 곳곳에 먼지와 악취가 배어있다. 이런 환경에서 어떻게 생산 활동을 했을까? 인도인들은 이구동성으로 5월이 되면 더 덥다고 한다. 인도인들의 인내심 알아줘야겠다.

운전기사를 혼 내주다
자이푸르에 볼 것이 많다던 운전기사가 어제 3시간 동안 두 곳을 돌고는 "투어 끝"이라며 내일은 "휴가(Holiday)로 쉰다."고 한다. 사흘 일(운전)했다고 하루 온전히 쉬겠다니! 내가 지불한 돈이 얼만데…!

날도 더운데 괜히 시비하기 싫어서 호텔 로비로 조용히 불렀다. 그리고 투어 계약서를 꺼내 "당신 어제 5시간 운전(아그라-자이푸르)해 왔고, 오늘 3시간 일했는데 내일은 푹 쉬겠다고 했지? 여기에 내가 적어넣은 투어 내용에 서명해요. 사무실에 바로 메일 보내서 계약 위반이라고 항의할 거다." 하니 이 친구, 당황해는지 태도가 급변하여 "내… 내일 아침에 나, 나오겠습니다. 몇 시에 나올까요?" 한다.

녀석, 나를 우습게 보고 하루 완전히 제끼려다가 임자 만난 것이다.

나는 용서하고 "내일 9시까지 나와!" 하니 "옛 써!" 하고 갔다가 오늘 아침 9시에 정확히 나왔다.

어제 '나하르가르 성' 가자고 했더니 "거긴 자이푸르가 아닌 다른 도시이니 못 간다."고 했던 기사를 데리고 그 성에 갔다. 산길을 차로 한참 올라간다.

이곳 역시 왕이 왕비 9명과 살며 겹겹이 방어벽을 구축해 둔 요새 겸 궁전인데, 쓰던 집기 하나 배치된 것이 없다. 한 시간 정도 돌았는데 경비 서던 '관광 경찰' 녀석이 시키지도 않은 안내를(방 설명) 하고 친절히 왕 드레스 룸에서 사진도 찍자하여 둘이 인증 샷 했다.

끝나고 나오는데 아니나 다를까. 손을 벌린다. 팁 달라는 거다. 날씨도 더운데 드링크 사 먹으라고 100루피 주니 좋아라 한다.

1

Hawa Mahal, Jaipur

2

3

1 하와 마할. 일명 바람의 궁전. 궁녀들이 창문으로 바깥 구경
2, 3 천문대(잔타르 만타르). 델리의 것과 같고 규모는 더 크다.

자이푸르 거리 풍경

Jaipur 거리

신혼여행지로 인기 '우다이푸르'

아그라에서 푸쉬카르를 건너 뛰고 자이푸르에 와서 3박했다. 요즘은 더워서 오전 시간 4시간 이상은 못 돌아다니겠다.

오후 4시 발 제트 에어웨이즈(Jet airways)의 프로펠라기로 우다이푸르에 도착했다. 쌍발 프로펠라기는 안정성이 높고 저고도에서 저속으로 비행하므로 비행기 타는 맛이 있다. 더구나 인디고 에어(Indigo air)는 맨 입인데 Jet 항공은 45분간 비행하면서도 간식(미니 바게트, 초콜릿, 작은 생수)도 준다. 큰 항공사라고 무조건 좋은 게 아니다.

공항은 시내와 거의 직선 도로인데 거리가 멀다. 20㎞ 정도로 약 45분 걸렸다. 버스 터미널 근처다.

인도가 다 그렇지만 그래도 내가 다녀본 도시들(바라나시, 콜카타, 첸나이, 델리, 자이푸르)보다는 도시가 깨끗하다. 특히 매연과 먼지가 덜하다. 인구가 적어서(약 50만 명) 그럴지도….

이곳은 이슬람 교도가 무척 많다. 힌두교도와 약 4:6 비율이라고 한다.

호텔에 여장(큰 배낭)을 풀고 호숫가에 가보기로 했다. 호텔 주인은 약 2.5㎞, 30분 거리라고 했는데 걸어보니 직선이 아니라 몇 번이나 물어가야 했다. 구글 지도가 있지만 안 쓴다. 골목길에선 오히려 더 헷갈린다.

약 1시간 걸려 호수를 보니… 아이구머니나! 백조가 유유히 헤엄치는 호수를 연상했는데 그냥 물이 고인 거대한 웅덩이였다. 아… 서울서 여기까지 왔건만 이건 너무한다 싶었다. 어떤 가요가 생각난다. 울고 싶어라, 내 마음이다.

결국 야경 몇 컷 찍고 돌아왔다.

'작디쉬 만디르(Jagdish Mandir)'라는 유명한 힌두 사원 앞에 큰 코끼리를 모셔놓고 북치고 장구치며 온통 야간 축제이다. 참 이해하기 어렵다.

호수궁전, 우다이푸르

우다이푸르 힌두 사원과 가톨릭 성당 답사

자이푸르에 머물며 대성당을 못 찾아서 아쉬웠다. 통계를 보면 인구 대비 거의 제로… 4천명 규모이다. 운전기사나 주위 사람들 역시 들어보지도 못했다는 반응이다.

그래서 우다이푸르에 와서는 일찍부터 릭샤 왈라를 섭외하여 찾아 나섰다. 영어가 되고 성실한 친구라서 대성당과 '사랑의 선교회 수녀원(여기서는 사원, Ashram이라고 표현한다)' 등을 찾아간 것은 여간 다행이 아니다.

사실 오토릭샤 왈라 세 명을 영어 소통이 전혀 안 되는 탓에 돌려보내고(인도에서는 초등학교에서부터 영어를 배우는데 젊은이들이 모두 문맹자여서 안타깝다) 네 번째 사내가 말이 되어서 영입한 거다.

그와 함께 구글 맵으로 대성당(Cathedral, our Mother of Fatima), 즉 파티마(포르투갈에 있는 성모 마리아 발현 성지)의 성모님께 바쳐진 주교좌 대성당과 개신교회가 있나 찾아보고 성녀 마더 테레사 수녀원(지명에는 Mother teresa Ashram)을 찾아가기로 한 것이다. 이 수녀원은 인도 수녀 5명이 유치원을 운영하고 있다.

이 릭샤 왈라가 성실한 사람이라 자기도 현지인들에게 물어보고 구글 맵도 보고 또 보고하여 세 군데 다 찾아내서 기뻤다. 200루피로 협상을 했는데 착하고 수고를 많이 해줘서 20루피 더 얹어주니 좋아라 한다.

우다이푸르의 시티 팰레스(City Palace)는 꼭 보아야 한다. 입장료 330루피를 내고 들어갔다. 거의 1천 년 'Mahandra' 가문이 왕조를 이끌며 잘 지어 놨다. 일부는 호텔로 임대하고 나머지 일부에는 후손들이 거주한다. 금수저를 물고 태어난 사람들이다.

방이 수백 개인데 자이푸르에서와 마찬가지로 군사 작전을 고려해 방을 배치하고 견고히 만들어 놨다. 만약 난리가 나도 적군이 말을 탄 채 진입하지 못하도록 문 높이를 아주 낮췄고, 통로 역시 뚱뚱한 사람은 못 다닐 정도로 좁다. 게다가 통로를 미로처럼 만들어 놔서 왕족이 피신하면 찾아내기 힘들며 곳곳에 비밀 통로가 있고 저격병이 숨는 곳까지 있다.

이것을 유심히 본 이유는 대한제국 시절 일본 미우라 공사가 이끄는 낭인 불과 수십 명이 궁에 침입해 명성왕후를 붙잡은 뒤 난자하고 시신을 불태운 역사를 생각해서다. 단순한 한옥 구조라 순식간에 뚫린 것이다.

박물관은 그림, 부엌살림, 마구, 역사적 가계 도시 등 볼 것이 많고 사진 촬영에도 제한이 없었다.

'우다이푸르'는 '자이푸르'보다 볼 게 많고 깨끗하다

다만 젊은이들 중 문맹자가 많아서 오토릭샤 왈라나 호텔 이용 시 애로사항이 있다. 영어회화가 안 되면 글로 써주어도 못 읽는다. 못 배운 달리트 계층이 아닐까 한다.

내가 동양인이라 그런지 고참 아재인데도 팬이 많다. 젊은 청년들은 뻔히 알면서 북한이냐 남한이냐 묻곤 하는데, 내 대답은 정해져 있다.

"너희가 보는 한국인은 모두 남한, 대한민국 사람이다. 왜냐하면 북한 사람은 해외 여행의 자유가 없기 때문이다."

이러면 수긍한다.

초·중등학교 아이들은 사진을 같이 찍자고 난리다. 내가 이 정도니 미남 미녀 한국 젊은이들은 어느 정도일까?

내가 인도에 와서 본 사람들은 100% 삼성 휴대폰을 쓴다. 호텔 에어컨도 삼성이나 엘지 제품이다. 참 대단한 나라 코리아(Korea)이다.

자동차는 거의 인도산 'TATA'인데 대형 트럭과 버스부터 승용차까지 다 만들어 내는 재벌그룹이다. 'TATA' 회장이 아주 소수의 인원이 믿는 종교인 '조로아스터교'의 신자이다. 화장할 때 시신을 독수리가 쪼아 먹도록 높은 산이나 옥상에 방치했다가 살을 다 발라먹은 후 뼈만 추려 매장한다는 페르시아 종교이다.

이 그룹은 우리나라 대우자동차도 인수한 대재벌로 오토릭샤도 만들어낸다. 새 오토릭샤를 타고 왈라에게 가격 물어보니 약 60만 루피라고 한다. 한화로 약 1천만 원이니 비싼 가격이다. 언제 돈 벌어 차 값 다 갚을지….

저녁도 사 먹을 겸 오토릭샤 타고 호수를 지나 '썬셋 포인트(Sun set point)'에 가 보았다. 계단도 있지만 땀으로 멱 감기는 싫어서 케이블카를 탔다. 왕복 87루피인데 두 가지 세금이 붙어서 총 100루피이다.

케이블카는 구식으로 3량씩 묶어 6대가 오르내린다. 느릿느릿 4분 동안 올라가는데 호수와 시티 팰리스의 경치가 좋아서 사진이 잘 나온다.

정상에 올라 시가지를 내려다보고 일몰을 기다리는데, 날씨가 협조할 생각이 없는지 구름이 방해하여 좋은 사진 촬영엔 실패했다. 사진도 '운칠기삼'이다.

그 후 작디쉬 만디르(Jagdish Mandir) 예식을 구경했다. 여기서 가장 큰 힌두 사원이다. 바라나시 가트에서는 브라만 사제 7명이 공동을 뿌자 예식을 했는데, 여기선 혼자 100여 명의 신도들과 한다. 노래하고 박수치며 열광하는 모습에 호기심이 생기지만 이해는 어렵다. 하긴, 신앙은 과학이나 논리로는 못 푼다.

중앙에 모신 신상은 얼굴이 새까만 동물인데 제대로 식별이 안 된다.

사원 앞에 Tali 식당이 있어 들어갔다. 루푸 탑으로 안내하는데 손님은 나 혼자다. 종업원이 영어를 못해서 애 먹었다.

펀잡 식(Punjap Style)이라는데 별도로 시켜야하는 밀떡(차티?) 외엔 소꿉장난하듯 조금씩 삶은 콩, 두부, 요구르트, 된장을 먹었다. 쌀밥도 한 움큼인데 도저히 못 먹겠다.

국이 없어서 콜라를 주문했더니 미니 병에 든 콜라를 가져온다. 모자라서 내 배낭에서 물 꺼내 먹었다. 값은 싸다. 210루피.

다시 뚝뚝 타고 호텔에 도착하여 인근 우다이폴 게이트와 공원(노숙자들이 많이 자고 있음)을 산책했다.

버스 터미널이 지척이다. 내일은 뭄바이로 날아간다.

어느새 집 떠난 지 꼭 한 달이다. '동가식서가숙(東家食西家宿)'도 이제 열흘 남았다.

Udaipur Cahjedral 0

St.Mother Teresa경당

Jet airways 중형프로펠라기

1 인도 천주교회 우다이푸르 교구 대성당. 포르투갈 파티마 성모께 봉헌된 성당이다. **3** 부활대축일 후라서 제대가 화려하다. 대성전 전경. **4** 성 마더 데레사 수녀원. 어렵게 찾아갔다. **5, 6** 호수 궁전(LAKE PAL-ACE). 우다이푸르의 파촐라 호수는 야경이 더 아름답지만 멀리 있는 호수궁전이 안 보인다. 프로펠라 비행기는 낮게 날고 느려서 여행하는 맛이 있다. 선셋(SUN SET) 언덕에서는 멀리 시가지가 한눈에 보인다.

CITY PALACE, UDAIPUR – 16세기 무굴(몽골)제국 작품

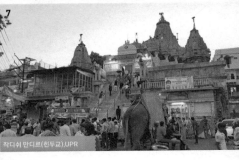
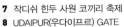
작디쉬 만디르(힌두교),UPR

7 작디쉬 힌두 사원 코끼리 축제
8 UDAIPUR(우다이프르) GATE

에어컨 소동: 인도인 거지 근성

우다이푸르 구경을 혼자 잘하고 12시. 여행사 계약서 상 마지막 봉사가 공항으로 가는 차량 제공이다. 정시에 좋은 차가 나와서 기분이 좋은데 기사는 이 더위에 에어컨 안 틀고 창문 열고 달린다. 점잖게 말했다.

"에어컨 틉시다!" 그랬더니 이 녀석, "100루피(약 1,700원) 주면 틀겠다."란다.

순간 열불이 났다(계약서엔 A/C 차량이라 적혀있음).

세상에 어떤 나라 어느 회사가 고객에게 에어컨 사용료를 팁으로 요구하나? 차라리 성의껏 짐 들어주고 팁을 기대하지.

큰 돈이 아니지만 버텼다. 이런 일에 양보하면 버릇되고 결국 제2, 제3의 피해자가 나온다. 결국 녀석은 창문을 연 채 35분간 주행했다.

성능 좋은 에어컨 놔두고 더위에 부글부글. 역시 인도는 인도다.

공항에 도착한 뒤 본사에 불쾌하다고 문자를 보냈다. 미꾸라지 같은 직원 하나 때문에 유종의 미를 못 거뒀다.

뭄바이 공항에서 호텔로

뭄바이의 국내선 공항에 도착했다. 덥고 큰 배낭도 있고 해서 짐을 찾아 나와 Paid Taxi를 타려다가 마침 'Ola cabs' 부스가 있어 물어보니

550루피 정도 나올 거라고 한다(트래픽 걸려서 약 100분 걸렸는데 540루피 나왔다). 내 인도 전화번호가 없으면 이용이 불가능하니 심카드 넣길 참 잘했다.

뭄바이 공항은 북쪽에 있고 남쪽으로 내려오면서 '마하락슈미(Mahalaximi)' 역(도비 가트), '뭄바이 센트럴(Mumbai Central)' 역, 뭄바이 '차트라바띠 시와지(Chhatrapati Shivaji Terminus—일명 C.S.T)' 역(최고의 건축물 빅토리아 역)을 지나 이슬람 지역의 혼잡하고 복잡한 시장통을 미안할 정도로 쑤시고 들어왔다.

이거… 호텔을 잘못 정했다 싶다. 이슬람 바자르 딱 중앙에 위치한 '알 모아진(Al Moazin)'이란 호텔이다. 명사 앞에 관사 '알'이 붙었으면 이슬람 호텔인 줄 알았어야 했는데…

올라 택시는 거의 신형 현대 엑센트 차인데 에어컨이 빵빵하다. 거리를 다니는 택시는 모두 구형 '현대 엑센트'이다. 어깨가 으쓱하다.

뭄바이의 호텔 값은 비싸기로 유명한데 호텔에 들어가니 로비에 하얀 이슬람 옷 입은 남자들이 진을 치고 있다가 웬 동양인이 배낭지고 들어오니 호기심에 시선 집중! 일단 "저는 한국인 입니다." 하고 먼저 인사했다.

모두 수염이 길어 나보다 할배 같지만 분명 아닐 거다. 서울에서 3개월 전에 싸고 좋은 호텔을 고르고 고른 게 이 모양이다. 이슬람 호텔은 처음인데 체크인 하니 2층 방을 안내해줬는데 창문이 없는 골방이고 찌린내와 담배 냄새가 배었다. 호텔보이에게 팁을 주며 "나는 창문 없으면 공포증을 느낀다."고 약간 뻥을 치니 지배인과 상의해 '창문 있는 방'으로 바꿔준다. 이슬람 시장이 바로 앞이라 시끌시끌해도 좀 낫다.

바나나는 원숭이만 좋아하는 게 아니다

시장을 돌아보니 지저분하고 시끄럽고… 식당을 기웃거려봐도 그 덥고 어두컴컴한데서 맛 없는 음식을 먹긴 싫어서 생수와 비스킷, 그리고 바나나를 두 개 사가지고 들어왔다.

사실 바나나는 옛날에나 귀했지 요즘 집에서는 아내가 몸에 좋다며 바나나 한 송이 사다가 식탁에 놓아도 잘 안 먹었다. 근데 최근 인도를 다니면서 내 주식이 되었다. 하나에 5루피(90원) 밖에 안 하고 제일 든든하며 만만하다.

그나저나 주위에 거지가 참 많다. 눈만 마주치면 손을 내민다.

1, 2 인도 뭄바이 빈민들… 참 많다. "그리고 어린이들이 길가에 나와 논다."

인구 13.2억을 자랑하는 인도의 수도는 '델리'지만, 뭄바이(구 봄베이)는 인도의 경제·금융의 중심지라 시골 청소년들은 '뭄바이 드림'을 꾼다.

뭄바이는 원래 포르투갈의 식민지였다. 1661년에 포르투갈의 공주(카타리나)가 영국 왕자와 결혼하면서 지참금으로 이 땅을 가져가서 영국령이 되었다니….

호텔 위치가 어중간하여 아침에 '올라 택시'를 불러 관광지인 남단의 콜라바 지역 '인디아 게이트'로 갔다. 델리에 있는 인디아 게이트보다 모든 면에서 나을 것이 없다.

'타지 마할 호텔'을 본 뒤 '처치 게이트(Church gate)' 역으로 가려고 두리번거리니 눈치 빠른 합승버스 조수가 타라고 한다. 6인승으로 여섯 명이 차니 출발. 내릴 때 보니 요금은 15루피. 참 착하다.

처치 게이트는 무슨 백화점 같은 신식이다. 이어서 도비 가트 가려고 매표소에서 "마할락스미 왕복표!" 하니 10루피 내란다. 와… 이렇게 쌀 수가. 다섯 정거장인데. 우리나라가 통신료와 대중교통비는 인도를 본받아야 한다. 우버와 올라까지.

특히 우리나라 통신요금은 암만 봐도 정부와 통신 업자의 합작 농간이다.

제34일
도비 가트DOHBI GHAT 보고 눈물짓다

　　뭄바이 센트럴 역 다음인 '마하락슈미 역'의 육교에서 보면 불가촉천민
들의 빨래터가 보인다. 약 5천 명 정도의 남자들이 직업을 세습 받으며
살아간다는데⋯ 슬펐다. 이들의 주 고객은 개인이 아니라 호텔이나 병원
같은 대량 소비처이다.

슬픈 도비가트(세습 세탁장)

도비 가트 2

많은 관광객들이 가까이 가서 사진 찍고 보겠다고 내려가는데 나는 포기했다. 직업인으로서 비참한 모습을
그들이 보이고 싶을까?

뭄바이는 5월이 제일 더운 여름이라 매우 무덥다

다른 나라에서처럼 걸어다나다가는 바로 순교하게 생겼다. 어제와 오늘(부활절 4주일) 혼자 택시를 대절하여 여러 교회를 순례했다. 뭄바이는 포르투갈 식민지 시절에 가톨릭 교회가 들어왔고, 이후 1661년에 영국령으로 바뀌고 영국 성공회 성당이 진출하여 뿌리를 내리고 있다. 뭄바이시 정부 관광 안내서에도 교회 안내는 모두 성공회 성당 소개이다.

오늘 미사 참례한 인도 천주교회 뭄바이 대교구 주교좌 대성당은 엄청 큰 교구이다. 약 120개의 본당(Parish)이 있다. 주교좌 본당 이름인 'Holy Name'은 '거룩한 이름'인데, 여기서는 영어로 '홀리 네임'이라고 하지 않고 '홀리 남'이라고 부른다. 참고로 한국 성당은 행정동 이름을 쓴다. 서울 명동 성당, 부산 중앙동 성당, 광주 임동 성당 등.

인도에 와서 동냥을 여러 번 주었다. "가난은 나랏님도 구제 못 한다." 고 했거늘…. 주로 심한 장애인과 죽어가는 듯한 아기 안은 여자에게 주었다. 앵벌이라도 줘야 맘이 편하다. 잔돈은 거의 이들 몫이다. 물론 "땡큐" 소리 한 번도 못 들었다. 자선의 기회를 준 자기에게 오히려 감사하라는 투다.

오늘 이슬람 동네에서 특이한 거지를 봤다. 이 무더위에 내가 별로 좋아하지 않는 '검정 차도르'를 둘러 쓴(두 눈만 내 놓고 있음) 여자가 축 처진 아기를 뙤약볕에 안고 손을 벌린다.

내 의문은 주위에 완고한 무슬림이 많은데 어찌 무슬림 여자가 종교복이라고 할 수 있는 검정 차도르를 입고 이방인 남자에게 구걸하는 걸 보고만 있느냐는 것이다. 성경에 보면 사마리아 여자에겐 우물가에서 물도 안 청하는데…. 동전을 주니 고마워하는 것이 아니라 "쏼라쏼라" 한다. 아기가 아프니 더 달라는 뜻 같았지만 끝이 없는지라 자리를 떴다. 참 씁쓸하다. 이 시장은 이슬람 바자르이다. 똑같은 건 아니지만 만약 수녀복을 입고 구걸한다면… 글쎄요…? 탁발 수도자로 볼지도?

맥도날드 햄버거 식당을 보면 왜 반가울까?

맥도날드는 한국계 회사도 아니고, 나의 사돈의 팔촌 그 누구도 이 회사와 무관하다. 그런데 뭄바이 꼴라바에서 맥도날드 식당 발견하고 환호했다. 와~ 살았다! 9시에 남(Name) 대성당에서 한 달 만에 주일 미사 참례를 하고 나오다가 발견해서 브런치를 먹고 점심 겸 저녁까지 포장해서 호텔로 들어왔다. 근데 소고기를 안 써서 맛은 없다. 거리 풍경을 보니 한국처럼 종이 커피 잔 들고 다니는 사람이 없다. 문화가 다른 건지…. 내가 포장해 달랬더니 음료는 포장 못 한단다. 그래도 끼니거리가 있으니 든든하다. 샌드위치를 먹으며 홍보 영상을 보니 감자 칩을 생산하면서 50가지 검사를 한다니, 위생 개념이 없는 인도지만 맘 놓고 먹었다. 신뢰란 중요한 것이다. 옛날 로마시대에는 하도 독살이 많아서 파티에 초청받아도 '자기가 마실 포도주는 각자 가져간다.'고 했다. 자고로 국가 방위에 필요한 3요소는 "식병신(食兵信)"이다. 음식보다 군대가 더 중요하고, 군대보다 더 중요한 것은 군주와 신하, 상관과 부하, 동료 간의 믿음, 즉 신뢰이다. 맥도날드나 KFC는 회사 브랜드 믿고 사 먹는다.

뭄바이 인디아 게이트 : 인도 서부 지역 출입 관문

뭄바이 시 남단에 있는 항구이며 관광 1번지다. 엘리펀트 섬 등으로 가는 뱃길이고 대성당, 큰 호텔, 유명 레스토랑 등이 몰려있다.

인디아 케이트

인도 천주교회 뭄바이 대성당

성모 동산(ST. MARIA MOUNT) 가톨릭교회와 성공회 공동으로 공경한다.

성모동산, 성공회 성당

빅토리아 역(뭄바이 C.S.T) 세계에서 가장 아름다운 역

1 성모동산 가는 길. BANDRA 대교 2, 3 뭄바이에는 이슬람 모스크가 참… 많다.

제35일
뭄바이 공항에서 고아로. 불운과 행운

오늘은 뭔가 잘 안 풀리는 날이다. 호텔을 잘못 잡은 탓일까. 이슬람 시장 속 호텔이다 보니 '올라 택시'를 불렀는데 두 번이나 취소(Cancel) 당했다. 차가 들어오다가 복잡하니까 포기하고 다른 손님한테 간 것이다.

1시간을 호텔 앞에 서 있다가 세 번째 젊은 운전사가 고맙게 와줘서 뭄바이 국내선 공항으로 갔다. 당연히 고아로 가기위해 도미스틱(T1) 터미널로 갔다.

공항 경찰이 탑승권 보더니 내가 탈 '에어 인디아(Air india)'는 터미널 2(국제선)로 가야 한단다.

뭬요?

"국내선인데 왜 국제선으로 가요?" 하니 '인디고(indigo) 항공'만 여기이고 '에어 인디아(Air india)'는 신청사 터미널(T2)라고 한다.

프렌즈 책에서 신청사와 4㎞ 거리이고 무료 셔틀버스가 있다고 읽었기에 두리번거리니 젊은이 두 명이 붙었다.

"잘못 온 손님이 많습니다. 저희가 T2로 모시겠습니다." 하며 친절하게 택시로 모시기에 인천 공항도 최근 T2개통으로 헷갈린 손님을 무료로 이송한다고 읽은 터라 고마우면서도 의심이 들었다.

"봉사자는 아닐 테고… 당신은 누구냐?" 물으니 "우린 프리 패스. 무료

146

입니다." 하기에 탈 수밖에. 그런데 공항을 나서자 무슨 요금표를 내민다. 보니 Pre paid 요금표다. 최하 450 루피. 내가 언성을 높였다. "나는 프리 페이드를 요청한 바도 없고 거리 4km에 450 루피가 뭐냐?" 하니 '우리들은 공항 특별 출입하는데 경찰에게 돈을 준다. 그렇게 프리 패스한다는 뜻'이란다. 공짜가 아니고 자기들은 공항 출입을 할 수 있다는 뜻이었다나?

으휴…. 이미 속았고 남은 일은 요금 협상이다.

"나 솔직히 기분 나쁘다. 속았다. 300루피만 받아라." 하니 표정 관리하며 '좋아라.' 하고 받아갔다. 하도 분해서 '에어 인디아'에서 보딩 패스 받은 후 물어봤다.

들어보니 두 터미널 간 무료 셔틀 버스는 없다고 한다. '인디고(indigo)' 항공만 국내선으로 와서 해외로 가는 자사 승객만 운행해 준다는 것이다. 그래서 국내선에서 새 터미널 오는 택시 요금을 물으니 오토릭샤 타면 100루피 정도란다. 그 녀석들은 오토릭샤가 신 청사에 못 들어온다고 내게 뻥쳤다.

이렇게 300루피를 기분 나쁘게 당했다. 에어 인디아는 왜 e티켓에 터미널 안내를 안 했는지 원망스럽다. 참고로 인디고(indigo) 항공을 이용했을 땐 델리공항 T2라고 티켓에 명시되어 있었고 메일도 여러 번 왔었다.

네팔·인도 여행안내 책자도 이런 걸 제대로 알려줘야 한다.

수난은 계속되었다. 보딩 패스에 탑승 게이트 35다. 그래도 전광판 확인하니 44a이다. 시간 전이라 혹시나 해서 데스크 중년 여직원에게 물어보니 41번으로 가란다. 그래서 41번으로 이동. 그 뒤 시간이 되어 탑승하기에 나도 줄을 섰는데… 직원이 이 비행기는 벵갈루루 행이란다. 44번으로 가 보란다.

뭐요?

이거 큰일 났다. 시계를 보니 출발 시간 다 되었다. 100미터 달리기를 해서 44번에 가 보니 탑승 중이다. 휴….

시바 신이 노했나? 나, 자선도 많이 했는데…?

고아 공항에서 빠나지

아침부터 툴툴거리더니 '뭄바이-고아'행 비행기 탈 때까지 사람 힘들게 한다. 에어 인디아(Air india)는 처음 타는데 이륙하니 금방 간식을 준다. 어? 이런 항공사였어?

점심도 간신히 때웠는데 작은 샌드위치와 Real 표 주스, 미니 생수를 준다. 맘이 좀 풀어졌다.

기내에서 내 관심사는 처음 가는 빠나지(Dabolin). 공항에서 빠나지 시내의 호텔까지 약 30㎞라는데 걱정이 앞선다. 심지어 올라(Ola)가 안되는 지역이라 'Paid taxi를 부르면 적어도 800루피 이상 들 텐데…' 하며 주위를 둘러보니 옆 통로 바로 옆에 신사 한 분이 앉아 있다. 그래서 말을 걸었다.

"나마스 떼. 실례지만 빠나지에 사시나요?"

"빠나지는 아니고 아래 동네 '바스코 다 가마'에 삽니다만…. 뭐 제가 도울 일이?"

역시 신사는 다르고 사람을 알아본다. 그래서 바짝 접근했다. "이 비행기가 공항에 도착하면… 혹시 공항에서 빠나지 가는 공항버스가 있나요?" 하니 "예. 있습니다."란다.

"아, 그래요? 제 친구들이 그러는데 paid taxi 밖에 없다던데요?"라고 묻자 "바로 얼마 전에 생겼어요."라고 답해준다.

나는 기뻤다. 그런데 이 '라훌(Rahul)'이라는 양반은 한국에 세 번 가봤다며 호감을 표시한다. 내 숙소를 묻기에 바우처를 보여주니 자기도 알만 하다며 "공항에 내 차가 나오니 시외버스 터미널까지 모셔드리지요. 거기 서 버스타면 약 40분 걸리고 요금 40루피 정도하니 종점에서 택시를 타 면 금방이에요."란다. 그래서 그 '라훌 씨'의 차를 타고 '바스코 다 가마' 터미널까지 편하게 가니 버스가 있다. 티켓 값은 37루피. 널널하게 앉아 가니 좋다.

'바스코 다 가마'는 옛날 역사책에 나오는 대항해시대에 이 항구를 개 척한 포르투갈 선장의 이름이다. 버스로 달려보니 인도 같지 않고 포르 투갈에 온 것마냥 흙먼지 안 나고 상쾌하다. 왼쪽 차창으로 보이는 아라 비아 바다의 석양이 아름답다.

45분 만에 빠나지 터미널에 도착하여 택시로 150루피 주고 오요(OYO) 호텔을 잘 찾아갔다. 오늘 체크아웃한 호텔과는 극과 극이다. 넓고 깨끗 하며 무료 생수까지 있다. 오늘 토정비결을 봤다면 아마 "하늘에서 길인 을 만나 재물을 쌓을 쾌"라고 나왔을 것 같다.

뭄바이 공항에서 300루피 속았지만 버스비와 택시비 187루피 들이고 호텔로 왔으니 적어도 400루피 정도 플러스다. 그래서 여장 풀고 샤워 후 슬슬 걸어 나가 근사한 레스트랑에서 신선한 해물 탈리에 맥주에 짜 이까지 기분 좋게 먹었다.

사실 최근 4일 간은 바나나와 비스킷, 망고 주스만 먹고 살았다. 여긴 맥주가 면세라서 싸다. 고급 레스트랑에서도 140루피이다. 계산서 받아 보니 세금 포함 389루피 나왔다. 서빙을 총각 두 명이 했다. 팁으로 11루 피를 계산서에 놓고 나오니 극진한 인사까지 받고 나왔다. 기분 좋다!

빠니지 야경 산책

1 고아(PANAJI) 모티 마할에서 해물 탈리를~ 2 산뜻한 개신교회 모습 3 원죄없이 잉태되신 성모 마리아 성당

제36일
올드 고아 OLD GOA 본격 성지 순례

필자가 고아 수도 빠나지(Panaji, 현지어 Panjim)에 온 이유는 고요한 인도 속의 매력적인 해변 휴양지라는 것과, 16세기 초 해양 강국이던 포르투갈이 인도 고아에 상륙하여 문물 교역을 트고 당시 '로마 교황 친위대'라 할 수 있었던 '예수회'로 하여금 동양 선교의 발판으로 삼았던 교회 역사상 너무나도 중요한 성지를 순례하기 위함이다. 당시 길이 25미터 정도의 목선에 선원 25명 정도를 태운 채 무역을 하고 다녔다니 참 놀랍다.

여기서 중요한 인물이 '성 프란치스코 하비에르(1506~1552)'라는 예수회 수사 신부이다. 'Francis Xabier'를 '자비에르'로 발음하거나 '싸비에르'로 발음하는 것은 맞지 않다.

포르투갈 인인데 이태리 베네치아에서 사제품을 받고 당시 교황으로부터 '인도의 교황 대사' 직책을 받아 1541년 무역선을 타고 인도로 갔다. 고아에서 활동하다가 이후 일본에서 3년간 복음을 전했으나 중국 선교의 꿈을 이루지 못한 채 고아에서 열병으로 선종했다. 그는 오늘날 빠나지의 올드 고아에 있는 '봉 예수스(Bom Jesus)' 대성당에 묻혔고, 400년이 지난 지금까지도 그 시신이 보존되어 있다. 고아 주의 수호성인이기도 하다.

'Bom Jesus' 역시 실제로는 "봄 지저스"가 아니라 "봉 예수스"이다. 오래 전 주스를 선전할 때 "따봉"을 했는데, 이는 포르투갈어로 "좋다"이다. 즉

"좋으신, 또는 착한 목자 예수 대성당"이다.

빠나지 도심에서 어제 야경으로 보듯이 성모 마리아 성당이 명소이고, 구글 맵에는 산 도메(San Dome)라는 경당이 있다. 바로 첸나이에서 순교한 사도 성 토마스를 기리는 소 성당이다. 인도 교회의 수호성인이기도 하다. 즉 내게 빠나지 여행은 성지순례(Pilgrim)의 의미도 있다.

아침 든든히 먹고 뭄바이 호텔과 비슷한 가격인데 식사가 엄청 좋다. 물가가 싸다. 맥주가 면세라 싸긴 하지만 바라나시에선 300루피, 델리 한 식집에선 170~250루피에 사 마셨다. 그런데 어제 레스트랑에서 140루피, 오늘 리쿼 스토아에선 55루피에 사 마셨다. 생수 1리터 킨리(Kinley)가 첸나이 수퍼에서 19루피인데 여기선 15루피이다. 오토릭샤 왈라와 2시간 렌트 계약을 했다. 700루피에 올드 고아 14㎞ 왕복 및 순례시간 대기. 괜찮은 거래이다. 빠나지-올드 고아 행 버스가 있지만 배차 시간이 안 맞고 불편하다.

올드 고아는 포르투갈 식민지 시절인 1510년~1843년간 이어진 옛 주도(州都)인데, 전염병이 창궐하여 수도를 페하고 서쪽 빠나지로 옮겼다. 그래도 교회 유적은 남아있다.

올드 고아엔 가톨릭교회뿐만 아니라 그리스 정교회, 개신교, 힌두교 등 크고 작은 종교시설이 많다. 한때는 동방의 리스본이라 불렸던 도시이기도 하다.

1 고아 택시 **2** 저수지 수로 관리소(뒤에 자이나교 사원)

봉 예수스 대성당(BOM JESUS BASILICA),
성 카타리나 대성당(ST. CATHALINE CATHEDRAL) 및
성 프란치스코 수도원 성당

올드 고아 중심부에 3개의 성당이 함께 있었다.

제1은 로마 교황청으로부터 "인도의 첫 대성당"이라 인증받은 '봉 예수스(Bom Jesus)' 대성당이다. 포르투갈 예수회가 세운 성당으로 16세기 초에 설립된 지역 대표 성당이다.

단순히 크다는 이유뿐이 아니라 인도, 중국, 일본 등 동양 선교의 수훈자인 '성 프란치스코 하비에르(1506~1552)'가 묻혀 있는, 당시로서는 거점 성당이기 때문이다.

제2는 성녀 카타리나(캐더린) 성당으로 '고아 및 다만' 지역 교구 주교좌 대성당이다.

그리고 제3은 "아씨씨의 성 프란치스코 수도회 성당"인데 지금은 수도원과 성당을 폐지하고 수도원 건물은 '교회 박물관'으로 쓴다.

혼동하기 십상이다. 정리하자면 현재는 두 개의 대성당과 1개의 박물관(구 수도원)이 있는 셈이다.

이렇게 3개의 성당을 찾는 순례자가 많다. 16세기 건축, 미술 등과 함께 '성 프란치스코 하비에르'의 시신이 보존되어있다는 점에서 그 가치를 더한다.

'성 프란치스코 수도회'는 현재 '고고학 박물관'인데, 주로 돌 공예품과 그림을 소장하고 있다. 색이 대체로 어두워서 알아보기 힘들다. 여기서 놀랄 일은, 입장료가 고작 10루피다. 인도인, 외국인, 남녀노소의 차별이 없다. 이런 착한 가격은 처음이고 인도에선 드문 일이다. 아무래도 가톨릭교회의 재산이라 그런 듯…:

봉 예수스 대성당, 예수회 프란치스코 하비에르 시신 보존

Bom Jesus 대성당 수도원

2층 오르간, Bom Jesus

3 성 프란치스코 하비에르 관 보관 경당. 메디치가문 기증
4 봉 예수스 대성당 수도원 내당
5 대성당 2층 파이프 오르간
6 성 프란치스코 시신이 400년 경과한 사진

프란치스코 수도원성당과 대성당

성 카타리나 대성당,빠나지

7 8

성 카타린 대성당 제단,고아

7 왼쪽은 아씨씨 프란치스코 수도회 성당(현 박물관)이고 오른쪽 성당은 '고아 및 다만' 대교구 대성당

8 대성당 오른쪽 종탑이 붕괴되었으나 보수를 못하고 있다. 전성기에는 힌두교 신자 개종에 앞장서고 단죄
했던 역사가 있다.

제37일
빠나지 시내 산책

흔히 고아(Goa)라고 하지, 빠나지(Panaji)라는 지명은 아직도 생소하다. 고아는 인구 약 180만 명의 인도 최소 주(州)인데, 이 중 약 35%인 64만 명이 가톨릭 신자로 신자 비율이 인도에서 가장 높다. 그래서인지 작은 주인데도 본당이 167개나 된다.

오늘 하루는 멍 때리며 쉬었다. 다만 호텔 방 청소시간에 방을 비워주느라 2시간 정도 캄팔 공원에 시내 버스타고 갔다 왔다.

시내는 볼 게 별로 없다. 가만히 있어도 땀이 줄줄 흐르는데 인도 사람들은 땀도 안 흘리고 사는 게 신기해 보인다. 체질이 다른 모양이다.

고아 주의 수도 빠나지는 아마도 인도에서 제일 깨끗한 동네일 것이다. 아침마다 많은 청소부들이 거리를 청소한다. 세계 관광 세미나도 개최한 적이 있다. 버스는 다른 도시와 마찬가지 고물인데 요금 8루피 받는다.

슈퍼에 가서 컵라면 몇 개 사서 잘 끓여 먹는다. 항공 인디고(indigo)에서는 200루피 주고 울며겨자먹기로 사 먹어봤는데 여기선 39루피에 판다. 점원에게 "누들 컵"이라고 물으니 못 알아듣는다. 여기가 포르투갈어 지역이었음을 상기하고 "꾸빠(Cuppa) 누들~" 하니 알아듣는다.

예전에 "소주 한 고뿌하자!" 했는데 바로 이 포르투갈어 꾸빠(Cuppa)가 일본에 보급되고 일본인들은 발음이 좋지 않은지라 Cuppa가 '고뿌'가 된 것이다.

내일은 '함피(Hampi)'로 간다. 밤 슬리핑 레드 버스를 예매했는데 1815시까지 '칼랑구트(Calangute)'로 오라고 한다. 여기서 14㎞ 거리다. 걱정이다. 아무래도 여기서 승차해야겠다.

다음 날 아침 7시경에 도착한다는데, 당일치기로 종일 '함피'를 돌아보고 '호스펫(Hosapete)' 발 '방갈루루(Bengaluru)' 행 밤 기차를 타야한단다. 아이구…. 함피 버스 파크에 내리면 이 큰 배낭을 어디다 맡기나? 걱정이다.

성모 잉태 기념 성당 미사 언어와 시간표

Kala문화원, 빠나지

1

생각하는 처녀,

사도 성 토마스 소성당

도선, 3루피

1 '산 토메'라 불리는 성 토마스 경당(소성당, 카펠)도 아름다운 명소이다.

빠나지에서 함피로 가는 야간버스는 밤 8시 20분에 출발하는데 호텔 체크아웃은 낮 12시이다. 장장 8시간을 어떻게 보내야 좋을까? 밖은 무덥고 갈 곳은 극히 제한적이다.

호텔에 돈을 더 내고서라도 버스 시간까지 머물면 좋으련만, 이날따라 호텔 예약이 만실이라 안 된다고 하니 도리가 없다. 배낭을 호텔에 맡기고 집 없는(Homeless) 천사처럼 밖으로 나왔다. 갑자가 백수의 심정을 알 것 같다.

곰곰이 생각하다가 "그래. 이 기회에 인도 영화를 보자!" 하고 답을 찾아냈다. 나는 참 머리가 좋다고 자찬하며 극장을 찾아보니 호텔 근처에 극장이 있다. 프로는 단일 프로인데 매일 바뀌지만 오늘은 인도 영화란다.

170루피를 내고 입장하니 안내 보이가 친절하게도 에어컨이 되는 3층으로 안내해줘서 고마웠다. 객석은 평일 낮이라 텅 비었고 영화는 '무슨 Bacch2'였는데 "미국 람보는 저리가라!" 할 정도로 혼자 마약 소굴에 침투하여 수백 명을 죽이는 통쾌한 액션 영화였다. 그렇게 두 시간을 때우고 에어컨이 있는 카페에서 또 두 시간을 스마트 폰으로 멍 때리며 어기적거리다가 나와서 빠나지 'Kadamba' 버스 터미널(Paulo Bus Departure)에

슬리퍼(Sleeper) 버스
침대 열차와 비슷한 구조지만 열차와 달리
엔진 소리 때문에 잠을 잘 수가 없다.

갔다.

이 버스는 장거리 침대 버스인데 열차 침대와 비슷한 공간이다. 그러나 버스 엔진 소리가 시끄러워서 잠을 잘 수 없을 정도였다. 간식 주는 것도 없고 화장실에 한 번 정차한 뒤 비몽사몽 간에 다음 날 아침 07시경 함피 버스 정거장에 도착했다.

평생 처음 레드버스(Redbus) 슬리퍼(Sleeper)라는 버스를 타 보니 힘든 버스 여행이다. 거리는 약 400㎞에 요금은 950루피.

제39일
함피^{HAMPI} 폐허도 아름다운 고도

사실 오늘 날의 함피는… 정말 보잘 것 없는 농촌 시골 마을이다. 버스에서 내리자 내가 무슨 한류 스타가 내리는 듯 "코레아, 코레아~" 하며 총각, 중년, 장년 남자들이 서로 내 배낭을 차지하려고 실랑이다. 보니까 모도 오토릭샤 왈라들이다. 그러면 그렇지….

우선 배낭을 맡길 곳을 찾아야 했기에 카페 회원이 알려준 망고트리 집으로 가기로 했다. 이른 아침에 함피 버스 파크에 내리니 날씨는 덥고 (영상 40도) 동서남북을 모르니 오토릭샤 왈라를 활용할 수밖에 없었다. 당장 13kg짜리 배낭을 '망고트리'에 맡기려 해도 바로 버스 정거장 앞에 있는 것도 아니라서 결국 가격 조건을 협상해 나갔다. 어차피 이 폭염에 걸어다니는 것은 불가능하고 오토바이도 못 탄다.

함피 강남 지역 다 도는데 800루피에 협상이 되었다. 다녀보니 잘한 일이었다. 매우 광범위했기 때문이다.

함피는 14~17세기 강력했던 남인도 지역의 힌두 왕국인 '비자야나가르 제국'의 수도였는데, 북방 이슬람 연합군에게 그야말로 하루아침(1646년)에 어이없이 정복당하여 처절하게 파괴된 도시 흔적을 지니고 있다. 석조 건축물이었기에 그나마 남아있지 목조나 대리석 건축이었으면 다 없어졌을 고도이다.

예를 들면 코끼리 석상은 코가 다 없다. 다행히 릭샤 왈라가 영어가 되고 약간 설명도 해주어 문화 답사에 도움이 되었다. 함피 주민의 생활은 보잘 것 없다. 관광 아니면 농사만으론 견디지 못할 마을 같다.

식당 '망고트리'에서 아침 식사(200루피)를 하고 배낭 맡긴 뒤 8시부터 뚝뚝 타고 투어를 시작하여 11시 40분에 오전 투어를 마치고, 개천 같은 강을 건너가 동네를 구경하고 점심을 먹은 후 오토바이 택시 뒤에 타고 대충 돌았다. 250루피 주었다. 강북은 '몽키템플'을 안 가니 볼 것은 암석산밖에 없다.

개천을 건너는데 모터 보트로 갈 때 30루피, 올 때 20루피 냈다. 거룻배 시대도 아닌데 승객이 열 명이 되어야 운행한다고 고자세이다. 우리나라 같으면 벌써 튼튼한 다리를 놓았을 것이다. 하지만 여긴 인도니까….

1시 30분. 대기 중이던 릭샤왈라를 만나 마지막 방문지인 '비르팍샤 힌두 사원(Sri Virupaksha Temple)'에 들어갔다. 입구에서 신발 벗으라기에 벗고 들어가니 돌바닥이 계란을 깨면 에그 후라이가 될 정도로 뜨겁다. 발바닥 피부가 두꺼운 인디언은 견디겠지만 희고 얇은 나는 발바닥이 뜨거워 못 견디겠다.

오후 3시. 너무 더워서 있을 곳도 없다. 그늘도 없고 흙먼지에 뙤약볕이다. 일찍 호스펫 역에 가서 샤워하고 쉬려고 리타이어(웨이팅) 룸을 알아보니 인터넷으로만 사전 신청을 받는데다 호스펫 역 도착자만 자격이 되고 나처럼 호스펫 역 출발자는 입실 자격이 없단다.

땀이 주르르 흐르고 배낭이 더 무겁게 느껴진다. 이제 또 어딜 가나? 역 밖으로 나와서 둘러봐도 쉴 곳이라곤 없다.

"에라 호텔에 가자! 돈이 죽지 사람이 죽나?"

오기로 '함피 호텔'에 가서 5시간을 대실(1,500루피)해 방에 들어갔다. 우선 살아야겠다. 객지에서 열사병에 쓰러지면 어찌하나. 그렇게 호텔 방에서 샤워하고 시원하게 쉬며 라면 끓여먹고 밤 9시 10분에 열차를 타러 나왔다. 무려 1시간 연착이다.

다행히 2A Sleeper라서 2층 침대에서 곯아떨어졌다.

숨 가쁘지만 보람 있는 하루였다. 지나고 보니 걱정했던 것들이 모두 잘 해소되었다. 수호천사가 따라 붙은 모양이다.

1 힌두 제국은 코끼리나 원숭이 등 신상이 많았다. 정복자 이슬람 제국들은 우상 제거에 심혈을 기울여 모조리 파괴하고 약탈했다. **2** 비탈라 사원에 있는 돌 전차는 경이롭기까지 하다. 코끼리 두 마리가 끄는데 실제 굴러갈 수 있는 구조이다.

아츄타리아 힌두사원2

3 비르팍샤 힌두사원 원경,함피

4

아츄타리아 힌두 사원

5

6 코끼리 사육장2

7 여왕의 수영장1

8

9 함피 돌산3

3 함피… 비자야나가르 제국은 힌두 돌 문명의 전성기였다. **4** 비르팍샤 사원 **5** 왕과 왕비를 위한 작은 휴식처 **6** 코끼리 사육장. 코끼리는 인도에서 17세기까지 국부를 구성하는 전략 자산이었다. 전투력이 막강하여 소중히 다루고 양성했다. **7** 여왕의 수영장인데 물은 없다. **8** 함피에서 가장 오래된 신상. 사자 머리에 사람 몸이다. **9** 함피 돌산

제40일
방갈루루BANGALULU로

어젯밤 호서펫 역에서 열차 기다리다가 중고등학생 10여 명에 둘러싸여 인도와 한국의 경제, 사회 문제를 한 시간여 토론하고 서로 사진도 찍었다. 학생들인데도 모두 한국산 삼성 휴대전화를 가지고 있었다.

한 시간 늦게 온 열차를 보니 2등 칸은 창문을 다 열고 통로와 출입문에도 다닥다닥 앉아있다. 문득 2A로 누워가는 내가 미안한 마음이 들었다. 에어컨이 나오는 고급이지만 러시아의 시베리아 횡단열차만 못하다.

다음 날 아침 7시 30분. '방갈루루 시티 역'에 도착했다. 한 시간 반 연착인데, 이 정도면 인도에서는 양호한 편이다. 경전철이 'MG road' 역까지 연결된다기에 타볼 겸 찾아 나섰다.

열 번 정도 물어물어 가 보니 역사를 크게 잘 지었는데 캐리어 끄는 여행자는 이용이 어려울 것 같았다. 지하도와 계단을 수없이 오르내려야 한다. 요금은 18루피이다.

역에서 4정거장 가니 번화가의 중심 '마하트마 간디 역'이다. 역에서 호텔까지 800미터라 걷기로 했다. 참고로 이 도시의 이름은 방갈로레(Bangalore), 뱅갈루루 등으로 혼용하고 있었는데 결국 방갈루루(Bangalulu)가 표준어로 채택, 통일되었다.

두 번째로 넘어지다

그렇게 호텔을 찾아 걸어가는데… 어? 순간 다리에 힘이 빠졌는지 비틀거리다가 배낭 무게 때문에 중심을 못 잡고 앞으로 고꾸라졌다. (아이코! 엄마야~) 순간 예수님께서 무거운 십자가를 지고 골고타 산에 십자가 처형당하러 가시면서 두 번 째 넘어지심을 묵상했다. 마침 날랜 청년 두 명이 잡아 일으켜준다. 여태까지 이런 일이 없었는데… 체력이 고갈되면 몸의 컨트롤이 안 된다는 걸 처음 경험했다. 덕분에 이마에는 살짝 찰과상…. 하마터면 눈까지 다칠 뻔 했다. 사진 찍으면 포샵해서 보내야겠다. 끙….

방갈루루 교회 순례

방갈루루에 예약한 호텔에 아침 9시에 체크인 하니 오버 차지를 내라고 한다(흠. 평가할 때 보자). 호텔 방에서 좀 쉬었다가 시내 구경.

방갈루루는 별로 볼 게 없는 도시 같다. 그나마 함피보다는 확실히 덜 더웠다. 스타벅스에 가서 쉬었다. 아메리카노 아이스 커피가 240루피이니 여기 수준으론 비싸지만 에어컨 나오고 마냥 쉴 수 있으니 좋다.

책에서 본대로 투어하려고 '까르나따까 투어리즘 오피스' 찾아 나섰다가 오전 시간을 허비했다. 한 블럭을 돌고 몇 번이나 물으며 찾아다녔지만 내가 알아낸 것은 그 "사무실이 이전했다."는 것뿐이었다.

여행 책은 덕도 보지만 허탕도 많이 친다.

	1	
2		
	3	

1 방갈루루 주의 인구는 약 3천 만 명인데, 이중 가톨릭교회 신자는 불과 1.4%인 42만 5천 명 정도이다. 대성당은 얼핏 보면 이슬람 모스크처럼 보인다. **2** 성 패트릭(ST. PATRIC) 성당. 참 아름답다. 내 세례명과 같은 이름이니 나는 '행운아'이다. **3** 성 패트릭 성당 부속 소성당. '네팔 인도 순례여행 마지막 날, 무사히 마침에 감사기도 바치다. 방갈루루'

성 빠트리시오 성당 소성당,방갈루루

마이솔MYSORE 궁전과 대성당

음악에서 "종지"란 그 음악의 주제를 마무리하고 긴 음악여정을 감동적으로 마치는 것이다. 인도 남부의 크지 않은 도시 '마이솔'은 내가 보아왔던 그 어느 도시의 유적보다 뛰어난 감동을 주기에 충분했다. 화려한 종지였다.

네팔·인도 여정의 아름다운 종지를 위해 주일(4월 29일) 아침 8시에 숙소를 나섰다. 올라 택시를 불러 방갈루루 중심부(마하트마 간디 지하철 역, MG road metro station)에서 서남쪽으로 약 12㎞ 떨어진 '마이솔 로드버스 스탠드'로 달렸다. 거리가 한산하여 요금 92루피 나왔다.

버스 터미널(현지에서는 세터라이트(Satellite)라고 하는데, MTCT라고 하기도 해서 헷갈린다). 역시 외국인 여행자는 찾아가도 여러 번 묻고 발품을 팔아야 마이솔 행 버스를 탈 수 있다. 직행인지 완행인지 알아볼 여지없이 막 떠나는 버스를 타고 보니 넓고 큰 완행 버스이다. 요금은 124루피. 대중교통 요금은 참 싸다.

8시 25분에 출발하여 12시가 넘어서야 혼잡한 '마이솔 센트럴 버스 스탠드'에 도착할 수 있었다. 140㎞ 정도의 거리를 3시 40분이나 달린 것이다.

화장실이 급하여 2루피를 주고 소변을 봤다. 요금표에는 "남자 소변은 무료"라고 적혀 있었다. 여기는 인도이다.

허기가 저서 망고 주스(40루피) 한 병을 사 마시고 오토릭샤 왈라들의 호객행위를 뿌리친 뒤 마이솔 궁전(Palace)으로 향했다. 지척 거리 같은데 입장권 매표소까지 약 2㎞된다. 그래도 마이솔 궁전을 멀리서 바라보는 경관이 좋다.

일요일이다 보니 인디언들로 인산인해다. 가족 동반이 많아 기차놀이 하듯 앞 사람의 어깨를 잡고 4~6명씩 일렬로 다니니 양보했다가는 한참이나 밀려나는 상황이다.

입장료는 내국인, 외국인 구별 없이 50루피다. 모처럼 신선한 사이다 느낌! 가격도 착하다. 다른 곳에선 최고 1천 루피에서 보통 500루피였고, 싸야 200루피였다. 그런데도 다른 곳의 유적은 관리가 엉망이었는데 마이솔 궁전은 달랐다.

질서가 있고 관리가 잘 된다는 인상이다. 마이솔 궁전에 입장하니 탁 트인 정원(연병장)과 본관 건물, 그리고 엊그제 함피에서 보았던 힌두 사원(비루팍샤)과 아주 흡사한 건축물이 눈에 띈다. 여느 박물관처럼 보안검색대를 거치지만 궁전 내부에서도 사진 촬영을 허용하여 또 맘에 들었다.

사람이 많아 새치기는 엄두도 못 냈고 공장 컨베이어 벨트에 제품이 돌아가듯 구경 행렬에 끼어 한 시간 이상 돌아다녔다.

마이솔 궁전은, 한 마디로 프랑스 베르사이유 궁전이 연상되는 개방적이고 화려한 궁전이었다. 인도 북부(델리, 자이푸르, 우다이푸르) 궁전들과는 설계와 채색이 전혀 다른 이슬람식 건축 스타일이다.

마이솔로 내려갈 때 일반 완행 버스를 타 보니 너무 더워서 방갈루루로 올라갈 때는 에어컨이 되는 고급 직행 버스를 탔다. 창문 닫고 운행하는 것이 신기하게 느껴지고 창문을 열고 다니는 버스 승객들의 시선이 부담스러웠다. 요금은 270루피로 작은 생수(정수 제품) 한 병 준다. 그러나 걸리는 시간은 한 번 쉬는 걸 포함해서 3시간 40분으로 완행과 별 차이가 없었다.

MCTC 스탠드는 남부 변두리라 시내에 들어가기 쉽지 않다. 오토릭샤 왈라들이 환영하며 호객하는데 'MG 로드' 역 까지 250루피를 부른다. 그 새 나도 요령이 늘었다. 인근 로즈 인터내셔널 호텔 앞에서 '올라 택시'를 불렀다. 1분 만에 올 수 있다는 차가 있어서 눌렀더니, 택시가 아니고 뚝뚝이다. 이때 Ola cabs에서 오토릭샤도 취급하는 걸 처음 알았다.

약 한 시간 동안 매연과 소음 범벅에 고생하며 오니 127루피가 나왔다. 이른 아침에 숙소에서 나와 '마이솔 궁전'과 '성 필로메나 대성당' 두 곳을 약 두 시간 둘러보려고 12시간을 투자한 셈이다.

이렇게 긴 하루로 '네팔·인도 여정'을 마치게 되었다.

코끼리 가족 기념품.방갈루루　　1

1 아이들 선물용 기념품 사고 보니… 모두 코끼리 가족이다.

마이솔 궁전(MYSORE PALACE)

2 물소 신상 **3** 16세기 인도 남부를 지배하던 '와디야르왕국'은 치열한 저항에도 불구하고 영국에 패하여 멸망했다. **4** 궁전 전경 **5** 마이솔 궁전에 왕 초상화가 있다. 예복을 입었는데 맨발이다. 발가락에 반지를 끼고….

성 필로메나 대성당

성 필로메나 대성당은 관할 지역의 총 인구인 1,000만 명 중 1%(약 10만 명) 정도 되는 신자를 거느리고 있다. 대성전은 문화재로 정부 지원으로 대대적인 보수 중이다.

6 성녀 필로메나 마리아 상 7 성 요셉 상 8 성 요셉과 성녀 필로메나 대 성당(통상 성 필로메나 대성당으로 부름) 9 개신교회, 마이솔

제43일
방갈루루에서 뭄바이 공항 그리고 귀국

2018년 4월 30일 아침. 호텔 앞 성 패트릭 성당에 가서 그간 무사히 순례를 마치게 됨에 감사기도 바치고 호텔 체크아웃했다.

그런데 불쾌한 일을 겪었다. 체크인 할 때 3시간 일찍 왔다고 과징금 600루피를 부과하더니 오늘은 예약 시 결제했던 카드를 내미니까 "국제 카드는 안 되고 인도 은행 발행 카드나 현금만 된다."고 우긴다. 외국인 고객에게 카드 수수료 아끼고 현금 받겠다는 수작이다. 명색이 국제(International) 호텔인데 말이다. 항의했지만 막무가내라 인근 ATM에 가서 현금 뽑아 결제했다.

또 공항 가는 좋은 방법을 물으니 자기 친구가 하는 택시를 이용하면 싸고 좋다고 추천한다. 1,100루피라고 한다. 불쾌하단 생각이 들어 Ola cabs를 부르니 665루피(Share)가 나왔다. 추한 인디언들이 많다고 느꼈다.

1시간 만에 방갈루루 국제공항에 도착하여 수속을 마치고 둘러보니 KFC 식당이 있다. 한동안 못 먹어 본 치킨과 감자튀김을 실컷 사 먹었다. 인도에서는 고기를 제대로 못 먹었다.

인도 국내선 인디고(indigo) 편으로 다시 뭄바이 공항(T1)에 도착했다. 열흘 전의 경험을 되살려 아예 Paid Taxi(220루피)로 신 터미널(T2)까지 이

동했다. 이 터미널은 인도 공항답지 않게 크고 화려하고 깨끗하다. 우리나라 인천공항을 벤치마킹 했나 보다.

뭄바이-인천 운항하는 대한항공 비행기는 하루 지나 새벽 02시 30분 출발이다. 도리 없이 공항에서 시간 때우고 스마트폰을 친구 삼을 수밖에….

이렇게 '일흔 한 살 장년의 42일간 네팔 인도 순례 여행'을 잘 마쳤다.

제4부

인도 네팔 순례
여행 에세이

힌두교 사원 비르팍샤, 함피

인도와 종교

세상의 많은 석학, 지식인들은 인도의 종교에 대하여 찬사를 아끼지 않는다. 영혼의 나라, 명상의 나라, 위대한 갠지스 강의 정화 신비 등.

인도 인구 13.2억 명 중 공식 통계로도 약 80% 이상이 힌두교를 믿고 있다. 네팔이나 스리랑카 등 다른 나라의 신자를 빼고도 10억 5천 만 명이다. 이런 국가 종교는 힌두교 말고는 없다.

나는 한동안 크리스찬 국가들을 순례했다. 마치 공식이 있는 것처럼 이스라엘, 이탈리아, 프랑스, 스페인 등 예수 그리스도교를 국교로 삼았던 나라들과 성모 발현 성지까지.

보다 더 깊이 알고 싶어서 1천년 이상 전례와 음악을 공유했던 그리스 정교회와 러시아 정교회, 그리고 이집트, 이디오피아 쪽의 곱트 정교회 등을 답사하고 나자 이제는 동양 종교에 대하여 궁금증이 생겼다.

타 종교에 배타적인 이슬람교와 공존하면서 온 국민을 카스트 제도로 묶어놓고 어떻게 평등과 자유를 실천해나갈 수 있는지 보고 싶었다.

여행자들에게 인도는 "여행의 끝판왕"이란 평가를 받는 나라이다. 더위와 보건, 위생 문제, 그리고 일부 불량배들과 악덕 상인들 때문일 것이다.

광활한 영토와 인종과 언어가 다른 민족 간의 평화 추구, 그리고 중국과 마찬가지로 덩치 값 못하고 유럽의 강국인 포르투갈, 프랑스, 영국의 식민지가 되었던 인도이다.

인도의 성지라고 하는 '바라나시'에 도착하면 거의 대부분의 외국인들은 충격에 휩싸인다. 상식을 뒤엎는 환경 때문이다.

종일 날리는 흙먼지, 소음, 소와 개의 똥오줌이 질펀한 가트 골목길을 맨발로 걸으면서 힌두사원에 드나드는 사람들까지….

죄를 정화한다는 갠지스 강도 결코 맑지 않다. 강가(가트)에서 빨래하고, 몸을 씻고, 시신을 화장하고, 그 재를 뿌리고…. 그래도 인도인들은 거룩하게 여기며 강물을 마시고 플라스틱 통에 담아간다.

바라나시에는 80여 개의 가트가 있다. 그곳엔 동이 트기 전부터 신심 깊은 이들이 목욕 재개하고 합장하고 기도한다. 이마에 빨간 물감 칠하고. 충격을 안 받으면 이상할 거다.

왜 소는 신성시하여 길에 어슬렁거려도 보호하면서 물소는 실컷 부려 먹고 식용으로 잡아먹는가?

더구나 무슨 신은 그리 많은지 헤아릴 수조차 없다. 시바 신, 가네쉬 신. 하누만 신… 심지어 코끼리 형상을 한 인간과 원숭이 형상을 한 신상(神像)뿐 아니라 돌이나 고목에 물감을 칠하고 꽃다발 걸어 놓고 절하고 촛불 밝히고 절을 한다. 유일신을 믿는 이슬람교나 예수 그리스도교와 양립할 수 없는 신앙이다.

인도의 역사를 보면 본토 '드라비다'족은 이민족인 아리아(오늘날 이란 지역) 유목민과 몽골 유목민의 침략을 받아 패 함으로써 천민이나 노예가 되었다.

이슬람교 정권으로 바뀔 때마다 힌두 사원은 모조리 파괴되었지만 오늘날까지 굳세게 살아 있다. 불교도 일찌감치 몰아내어 지금은 인구 대비 0.8% 정도의 소수 종교로 밀려난 상태이다.

너무 비판적인 시각일까?

물론 좋게 말할 수도 있다.

서양 문명의 원천인 그리스를 보라. 그들의 신화를 보면 제우스를 비롯하여 박카스 등 온갖 신이 지금도 존재한다. 그쪽 신들도 싸우고, 결혼하고, 부순다. 그런데 왜 그리스 신화는 인정하면서 인도의 신화는 부정적으로 보나.

가톨릭신자들은 성모 마리아께서 발현하신 프랑스 루르드에서 성수를 마시고, 씻고 물통에 담아 귀국하여 선물한다. 기적이 일어났다고 믿는다. 갠지스 강물을 신성시 하는 것과 뭐가 다른가.

전 세계 수만 개의 성당마다 '성모 마리아 상'이 있고, 성모 성월인 5월이면 성모 마리아 상에 꽃다발 걸고 축시 바치고 가마 행렬하는 것과 뭐가 다른가. 초파일에 절에 가서 많은 돈을 내고 연등을 사서 주렁주렁 다는 것과 무엇이 다른가.

이슬람교도(무슬림)들이 메카에 있는 검은 돌을 신성시하고 순례하는 것이 평생의 소원인데 뭐가 다른가.

21세기에 사는 우리 어머니, 아내들이 대학입시 시즌이 되면 대구 팔공산 바위에 치성을 드리는 것은 어떻게 보아야 할까.

인도의 종교를 이해하러 간 것 자체가 바닷물을 조약돌에 담으려는 시도였을까? 나름대로 결론을 짓는다.

종교라는, 보이지도 만져지지도 않는 신앙의 실체를 찾으려는 시도 자체가 어리석은 것이 아닐까. 종교는 과학으로 결코 풀 수 없다. 그래서 신학은 영원하다.

종교의 궁극적 목표는 '구원'이다. 이 '구원'을 향하는 수단은 그것이 '정화수'이든, 오래된 '바위'이든, '원숭이의 형상'이든, '십자가'이든 상관없이 내 주관에 의해 '신'으로 매김하고 정성을 다하는 것 아닐까.

종교에는 정답이 없다고 본다.

아무도 남의 종교를 비판해서는 안 된다는 전제하에 나의 종교에 몰입하는 것만이 위로와 힘을 주는 것 아닐까.

인도 풍습과 관행

인도의 여러 도시를 여행한 바, 각 도시마다 좀 이해하기 어려운 문화 차이가 있다.

호텔 팁

보통 자고 나올 때 베개 밑에 잔돈이 살짝 보이게 놓고 나온다. 청소 아줌마를 위한 팁이다. 근데 3개 도시에서는 공통적으로 팁(돈)에 손을 안 댄다. 그대로 있다.

콜카타에서는 객실 담당 아줌마 매니저가 내 방을 노크하기에 열어주니 "베개 밑에 돈이 있었는데 뭔 돈인가요?" 하고 물어본다. "당신 팁인데요?" 하니 "감사합니다!" 하곤 잽싸게 가져갔다. 다음 날은 베개 밑에 잔돈을 안 놓고 나갔다가 돌아오니 청소 소년이 날 보자마자 "내가 방 청소 했어요."란다. 자랑스레 팁 받을 태세다. 아무래도 담당 매니저가 소문을 낸 모양이다. 그래서 팁을 주었다.

첸나이 호텔에서도 연 이틀 방 청소만 하고 가고 팁은 그대로 있다. 그래서 리셉션 매니저에게 물어보니 "팁은 일반적인 관행이 아니다. 주고 싶다면 직접 주라."고 한다.

나중에 알았는데 인도에는 팁 문화가 없다. 미국인 여행자가 늘면서 팁을 주기 시작한 탓에 다른 나라 여행자들은 불편해 한다고.

술

힌두교와 이슬람 문화권에서 술은 금지이거나 제한적이다. 요르단을 여행할 때 도시마다 다름을 경험했다. 가톨릭교회나 정교회가 많은 도시에서는 맥주 정도는 가게에서도 판다. 이번 여행 중 네팔에서는 판매가 자유로웠다.

포카라의 어떤 가게에서는 신문지로 병을 둘둘 말아 안 보이게 해서 준다. 그냥 들고 다니면 술 홍보로 간주된다고 한다.

인도 바라나시에서 한식 집 중 맥주 파는 곳이 있는데 걸리면 감옥 간다며 양은컵에 넣어왔다. 근데 호텔에선 당당하게 판다. 킹 피셔가 200루피….

첸나이 호텔 식당에서 맥주가 있냐고 물으니 "없다."고 한다. 그러더니 "구해 드릴 수는 있다."고 한다. 그래서 부탁하니 곧 객실로 보이가 왔다. "맥주 가져왔냐."니까 돈부터 달란다. 그리고는 "택시 타고 가서 사와야 하니 50루피 차비까지 달라."고 한다. "에끼! 안 마시고 만다." 하고 취소했다.

택시와 오토릭샤의 요금 행패

어느 도시든 외국인은 미리 요금을 홍정하고 타야 한다. 그래도 내릴 때는 꼭 더 달라고 한다. 트래픽이 걸렸다는 이유다. 그래서 애초에 트래픽 시간까지 고려, 요금을 높게 책정했다. 택시도 미터기를 다 달고 있지만 뭄바이(기본요금 22루피) 빼고는 아예 안 쓴다. 워낙 더워서 걷기가 어려우니 가까워도 뚝뚝을 타는데 최소 100루피이다. 인도인은 장거리가 아닌 한 20~40루피가 기본이다. 한국에서는 기름 값은 인도와 비슷한데 업계 로비 때문인지 서비스 개선한다고 계속 올리고 있다. 더구나 심야엔 못 잡는다.

또한 인도에는 올라 캡스(Ola cabs)와 우버(Uber)가 있다. IT 강국 한국은 택시업자들의 반대로 도입을 못하고 있다. 카카오 택시도 잘 안 된다고 한다. 택시업자와 공무원들이 누구 편인가 알만하다. 모든 것을 인건비 탓으로 돌리지 말라.

통신료와 대중교통 요금

통신료와 대중교통 요금은 참 싸다. 콜카타에서 400루피(약 7천원)를 주고 얻은 심카드는 28일간 매일 데이터 1기가에 인도 내 통화가 무제한이다. 덕분에 잘 쓰고 있다. 나는 한국에서 '월 7만 원 약정'을 쓰고 있다. 꼭 10배. 한국 이통사들은 엄살 부리지 말고 해마다 임직원들 성과급 펑펑 주는 대신 요금을 내려야 한다. 인도 역시 엄청 비쌌는데 내렸단다.

대중교통 요금 또한 참 싸다. 컬카타 지하철은 근거리가 5루피, 먼 거리가 10루피(170원)다. 한국 지하철 공사들은 만년 적자의 핑계로 '경로우대'를 대지 말고 과다한 직원과 가족 복지혜택을 줄인 뒤 경영합리화를 해라.

버스는? 6루피이다. 우린 10배 이상 비싸다. 서울시는 과도한 보조금 주지 말고(어떤 버스 회사는 보조금 받으면서 임원 연봉이 수억 원?)….

물

인도의 수돗물은 못 마시므로 대부분 사 마신다. 어디가나 1리터에 20루피(350원) 정도이다. 인도인에겐 매우 고가이다.

철도역에서는 정수한 물을 한 병 5루피에 판다.

맨발 생활 관습

인도인 절반이 화장실 없는 집에 산다는 뉴스 보도를 본 적이 있다. 주로 지방, 시골 이야기일 것이다. 상하수도 역시 거의 없이 산다. 그런데 도시나 시골이나 똑같은 문화가 있다.

바로 맨발 문화이다.

나의 의문은 "돈이 없어서 신발을 못 신는가?", "날씨가 더워서 안 신는가?", "종교적 이유로 힌두교나 이슬람 사원 출입 시 경건한 맘을 유지하기 위해 맨발인가?" 중 도대체 무엇 때문인가였다.

맨발은 그들의 오랜 문화이고 관습이다. 다만 소, 개, 원숭이, 염소 등 똥오줌과 생활 오수, 흙먼지가 범벅이 된 진탕 길을 맨발로 걷는 것을 보면 도저히 이해가 안 간다.

일종의 고행으로 감수하는 걸까? 비포장 도로가 대부분인데 다치면 어쩌려고? 호텔이나 레스트랑에서도 조리사들은 물론 서빙하는 이들도 맨발이다. 그 시커먼 발로 다니며 가려우면 긁고 그 손으로 조리하거나 서빙한다고 생각하면 먹을 맛이 싹 사라진다.

이들 사원에 가면 반드시 신발을 벗으라고 한다. 그러나 망설여진다. 입구 바닥이 깨끗하질 않은데 벗으라니…. 맨발로 들어 온 사람은 흙바닥을 그냥 밟고 왔기에 아주 더럽다. 곤혹스럽다. 신발털이를 비치하면 될 것을…. 그런데 인도의 성당에서는 신발을 벗지 않는다. 그럼 성당은 힌두 사원이나 모스크보다 덜 신성한가?

인도 여자들이 예쁘게 화장을 하고 고급 전통복(샤리)을 입은 채 더러운 맨발로 다니는 걸 보면 고개를 돌리게 된다. 게다가 오리발처럼 발가락들이 벌어져서 흉한 모습이다.

인도인들은 발이 인체의 가장 아래 부위로 불결하고 천한 역할을 하는 것이라고 생각하는 듯하다.

인도인들은 왕부터 맨발 차림으로 산다. 마이솔 궁전에 걸린 초상화를 보면(172쪽 왕 초상화 사진 참조) 왕의 정장 차림도 맨발이다. 머리부터 화려한 두건으로 치장하고 좋은 옷을 입었지만 발은 맨발에, 발가락 가락지를 하나 꼈다. 만약 몇 십 년 후 국민소득이 높아지면 풋 케어(Foot Care)를 하게 되는 걸까…?

오른손가락 식사 문화

인도인의 식사 도구는 오른손(다섯 손가락)이다. 외국인이 식당에 가면 대도시에서는 스푼과 포크를 내온다. 그러나 아직도 지방에서는 달라고 해야 준다.

인도인들은 손맛을 즐기며 "수저보다 깨끗한 손"이라고 자부한다. 최근 한 초등학교에서 인도 출생 학생이 버릇대로 손으로 식사를 한다고 친구들이 "더럽다."며 따돌려서 문제가 된 적이 있다.

다문화 이해와 존중도 필요하지만 로마에 가면 로마법에 따르라는 격언도 있다. 공동생활을 하게 되면 일단 그 틀에 맞춰 살아야 하지 않을까 한다.

에필로그

인도 네팔 42일간 순례여행을 마치며….

독자 여러분, 그리고 평범한 실버 순례자의 글을 읽어주시고 격려해주신 회원님들 모두 감사합니다. 요즘 해외여행이 보편화되었지만 '여행의 끝판 왕은 인도'라는 말에는 격하게 공감합니다. 42일간 혼자서 시행착오를 겪고, 바가지도 써 보고, 속아도 보고, 실망도 했습니다. 게다가 두 번 넘어지기까지 했죠.

그래도 무사히 돌아왔습니다.

설사도 멎었고, 임프란트한 치아도 흔들리지 않았고, 소매치기나 강도도 안 당했고, 휴대폰 역시 안 잃어버렸습니다. 더구나 개나 원숭이한테 안 물리고, 그 무서운 폭염 속을 걸어다니면서 풍토병에도 안 걸렸으니 이게 어딥니까?

돌아보니 네팔과 인도의 17개 도시와 마을을 다니며 국내 항공편 7회 탑승한 것을 시작으로 철도와 시골 버스 등 두루 이용하면서도 일정에 차질이 없었고, 택시와 오토릭샤, 거기에 바이크 택시까지 이용하였습니다. 늘 그렇지만 참 많이 배웁니다. 또한 '가난하다고 불행한 것이 아니다.'에 공감!

좋은 경험이었고 소중한 자산이 되었습니다. 정말 드릴 말씀이 감사하다는 말씀 외에 없겠군요. 그리고 인도에 사는 한국 분들… 참 애국자이시고 동시에 대단하십니다.

귀국해 보니 많은 사람들이 '경비는 얼마나 들었는지' 궁금해합니다. 여행 후 결산을 해보니 일반 여행(단체 패키지) 비용의 약 1/3 정도를 썼습니다.

끝으로 나이는 호적에 있는 것이 아니라 내가 내 몸 관리하기에 달렸다고 확신합니다.

혜초스님은 '열아홉 청년'의 몸으로 인도에 갔고, 저는 '일흔 한 살 장년'의 몸으로 순례한 차이가 있답니다.

여행 기간 내내 기도해 주신 가족, 카페 회원 여러분, 무엇보다도 지켜주신 주님, 수호천사님, 감사합니다.

여러분 감사합니다.

단야밧!